新疆煤制气管道工程
沿线盐渍土分布特征及防治技术措施

◎ 荆少东 孙如华 / 著

中国矿业大学出版社
·徐州·

内 容 提 要

全书主要内容包括:绪论,相关国内外研究现状,沿线自然地理、区域地质及水文地质概况,研究区地质灾害评价及防治,盐渍土分布特征研究,盐渍土盐胀变形与水盐运移规律分析,模拟盐渍土对 X80 钢的腐蚀行为研究,研究区盐渍土防治措施及建议,结论及建议等。

本书可供相关专业的研究人员借鉴、参考,也可供广大教师教学和学生学习使用。

图书在版编目(C I P)数据

新疆煤制气管道工程沿线盐渍土分布特征及防治技术
措施 / 荆少东,孙如华著. —徐州:中国矿业大学出
版社,2020.12
　　ISBN 978 - 7 - 5646 - 4915 - 9

　　Ⅰ.①新… Ⅱ.①荆… ②孙… Ⅲ.①盐渍土地区—
煤气管道—管道工程—新疆 Ⅳ.①TU996.7

　　中国版本图书馆 CIP 数据核字(2020)第 270228 号

书　　名	**新疆煤制气管道工程沿线盐渍土分布特征及防治技术措施**
著　　者	荆少东　孙如华
责任编辑	何晓明
出版发行	中国矿业大学出版社有限责任公司
	(江苏省徐州市解放南路　邮编 221008)
营销热线	(0516)83884103　83885105
出版服务	(0516)83995789　83884920
网　　址	http://www.cumtp.com　**E-mail**:cumtpvip@cumtp.com
印　　刷	苏州市古得堡数码印刷有限公司
开　　本	787 mm×1092 mm　1/16　**印张** 10　**字数** 250 千字
版次印次	2020 年 12 月第 1 版　2020 年 12 月第 1 次印刷
定　　价	58.00 元

(图书出现印装质量问题,本社负责调换)

前　言

　　随着我国经济的迅猛发展和能源结构的调整,对天然气等能源的需求量大大增加,同时也促进了输气管道工程的建设与发展。其中,新疆煤制气管道包括 1 条干线和 6 条支干线,线路总长约 8 400 km。输气线路工程沿线经过新疆、宁夏、甘肃、陕西、河南、山东、湖北、湖南、江西、广东、广西、浙江等 12 个省和自治区。但是新疆、宁夏、甘肃等管道工程沿线地区位于亚欧大陆的腹地,地形封闭,加上气候干旱和自然条件特殊,盐渍土不但分布范围广,而且产生的盐碱化程度和土地含盐性质各地区差异也较大。盐渍土作为一种特殊土,具有溶陷性、盐胀性、腐蚀性等诸多工程特性,这也给管道工程带来了许多危害。因此,了解新疆煤制气管道工程沿线盐渍土分布特征,了解盐渍土的致灾机理,并据此提出防治措施,对于输气管道的安全、稳定运行至关重要。

　　新疆煤制气管道工程沿线盐渍土主要分布于新疆、宁夏、甘肃等 3 个省和自治区,尤其是新疆和甘肃西部地区。因此,本书的研究区域主要集中在此地区,采用野外调查、取样测试、理论研究等方法对工程沿线盐渍土分布特征、盐渍土盐胀变形与水盐运移规律、盐渍土对 X80 钢的腐蚀行为进行研究,并提出了防治措施与建议。本书主要取得了以下认识和成果:① 对研究区域内的盐渍土调查取样,进行盐渍土含盐类型及含量测定,得出管道工程新疆段盐渍土主要为氯盐渍土和亚硫酸盐渍土,阳离子以 Na^+、Ca^{2+} 为主,阴离子以 Cl^-、SO_4^{2-} 为主;甘肃段所经白墩子盆地盐渍土主要为氯化物-硫酸盐渍土;宁夏段盐渍土主要为亚硫酸盐渍土和硫酸盐渍土。② 使用 X 射线衍射仪和扫描电镜对盐渍土物相及微观结构进行分析,并绘制土样的微观结构图像,发现研究区域试样中黏土矿物含量高,大多表现出薄片且无规则弯曲;石英、长石颗粒磨圆度较好,但是含量相对较低。③ 经过野外调查、取样测试,分析出管道工程沿线盐渍土的成因、水平分布特征和垂直分布特征。④ 通过设计盐渍土土柱毛细水上升高度实验探究出盐渍土盐胀变形与水盐运移规律;通过盐胀实验和击实实验对研究区做出盐胀等级判别。⑤ 通过设计正交实验模拟盐渍土对 X80 钢的腐蚀行为,研究 X80 钢的腐蚀机理;观察 X80 钢的微观腐蚀形貌,得出腐蚀速率随时间的关系以及温度对腐蚀速率的影响;根据实验结果评价盐渍土对新疆煤制气管道工程的腐蚀性危害程度。⑥ 结合研究区域盐渍土工程特性和盐渍土致灾评价,提出了管道易腐蚀地区的监测技术、防治措施和防护建议。

本书的研究工作是在"新疆煤制天然气外输管道勘察设计技术研究"项目基础上进一步开展的。中石化石油工程设计有限公司工程勘察公司的同行们和中国矿业大学的专家学者们参与完成了前期基础性工作,为本书的研究工作提供了大量基础资料和数据,在此向他们表示诚挚的谢意!

由于本书中关于盐渍土的内容较为复杂,涉及的专业知识面广,许多问题还有待深入研究,受水平所限,书中不足之处在所难免,敬请专家、读者批评指正。

著　者

2020 年 6 月

目　　录

第1章　绪　　论

1.1　研究背景

新疆煤制气外输管道工程包括1条主干线和6条支干线,线路总长约8 400 km。输气线路工程沿线经过新疆、宁夏、甘肃、陕西、河南、山东、湖北、湖南、江西、广东、广西、浙江等12个省和自治区。

该管道工程新疆段,起始于昌吉回族自治州的木垒县木垒首站,终止于哈密市红柳乡新甘省界,沿途经过木垒县、哈密市等2个县市区。该线路主要经过东天山南北山麓地带及其中低山地带,设计路线长543 km。新疆段输气管线分布如图1-1所示。

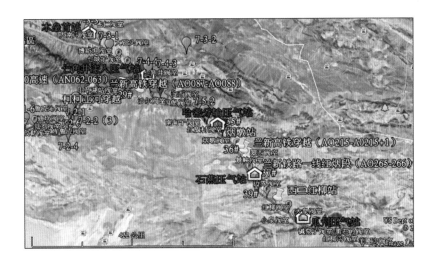

图 1-1　新疆段输气管线分布图

新疆地区是我国盐渍土高度集中分布的大面积区域,据相关部门资料,盐渍土面积可达15.83万 km²,大约占全区面积的9.5%。因为新疆位于亚欧大陆的腹地,地形封闭,加上气候干旱以及自然条件特殊,盐渍土不但分布范围广,而且产生的盐碱化程度和土地含盐性质各地区差异也较大。新疆北有阿尔泰山,中部有天山横亘,南有昆仑山,四周高山环绕。除了两大封闭的准噶尔盆地和塔里木盆地为内陆盆地,造成"三山夹两盆"的地貌特点外,在山区和盆地里还包含着较多排水不畅的小盆地和洼地。境内大部分河流都是内陆河且径流不出境,除了流入国外的伊犁河和额尔齐斯河,这些河流水中的盐分便在盆地内重新分配。盐分被山区含盐地层的风化母质土通过水流带到盆地内,这是低洼和盆地土壤盐分的重要来源,从而使地面水和地下水的矿化度渐渐升高,其含盐量也被逐渐提高,所以盐渍土在新疆地区主要分布在两大盆地内部,集中分布在地下水溢出带周围,多数为靠近山前的绿洲平原。除此之外的部分山间盆地,如南疆铁路经过的焉耆盆地和大、小尤都斯盆地等地区也会有盐渍土的分布。

1.2　研究的必要性及意义

盐渍土会对工程建设产生多方面的危害,也因此造成了十分巨大的经济损失。盐渍土浸水后产生的溶陷、地基因为含硫酸盐渍土产生的盐胀以及盐渍土对大多工程建筑和地基产生的腐蚀等是盐渍土对工程产生的主要危害。除此之外,因为往往含有过量的盐类,盐渍土地区所使用的建筑材料(如砂、石、土等)以及施工中用的水,也会对工程建设造成危害。每个地区的盐渍土产生的危害表现不同,因为各地盐渍土的组成、成因和特征各有差异。例如,滨海地区和地下水位较高的盐湖地区,主要危害表现形式为对地下设施和基础的腐蚀影响;而盐胀性危害较大的现象常出现在以含硫酸盐为主的盐渍土地区;对于干旱地区,地下水位埋深较深,腐蚀现象并不明显,而地基的溶陷性较为严重。管线沿线分布大量盐渍土,初步估算,新疆煤制气管道工程线路段横穿典型盐渍土地区超过 1 000 km。例如,新疆因湖相沉积作用形成的盐渍土和托克逊地区的盐渍土,如图 1-2、图 1-3 所示。

盐渍土是在一定的环境条件下形成和发育的,受土体中一系列盐碱成分作用,并具有溶陷、盐胀、腐蚀等工程特性。当土中易溶盐超过一定含量时,对土的结构和工程性质有较大影响,其特有的盐胀及溶陷特性使土体产生不均匀变形,导致抗剪强度和承载力下降,会引起输气管线的变形甚至破坏;同时,盐渍土对金属管线腐蚀性较重,管线长期遭受腐蚀破坏,会导致管线发生穿孔等事故,管理难度较大,维修困难。盐渍土含盐分的腐蚀主要有硫酸盐和氯盐产生的腐蚀,土壤中的氯离子会对金属产生较为强烈的腐蚀,特别是对钢铁;

图 1-2　湖相沉积作用形成的盐渍土　　　　图 1-3　托克逊地区的盐渍土

黏土砖、混凝土等会被硫酸盐渍土造成较严重的腐蚀,硫酸盐渍土对金属也能产生一定程度的腐蚀作用。盐渍土不仅对建筑物,而且对于埋进盐渍土里的其他设施的影响和危害更大,比如新疆克拉玛依曾经因为腐蚀而大量报废埋入土层的钢筋混凝土电线杆;又比如大直径预应力钢筋混凝土的输水线路,也曾经受到较为严重的损害,形成巨大的经济损失,部分管线遭受腐蚀较严重,如图 1-4、图 1-5 所示。

图 1-4　涂层破损　　　　　　　　图 1-5　立管底部焊缝处腐蚀

据调查:西气东输二线途经的西部盐渍土地区多次发生土壤环境腐蚀,已经严重影响了管线的正常运行。由于管线沿线不同地区地形地貌及地下水分布的差异,导致盐渍土盐渍化程度、工程性质有着明显的区别,这种区域差异对盐渍土工程灾害的防治工作造成一定的不确定因素,对管线的建设和运行造成很大的危害。要进行有效的防治,就必须对其工程性质进行深入研究,并针对具体盐渍土类型提出相应的治理方案。

1.3　工程概况

中石化新疆煤制气外输管道工程(简称新气管道工程),属国家重点能源建设项目。其主要气源为准噶尔盆地东部和伊犁地区的煤制天然气,以及中石化西北区块的常规天然气和煤层气、页岩气等非常规天然气。外输管道总长约8 400 km,包括干线、支干线和支线。管道工程西起新疆伊宁,南至广东韶关,设计输气量为300亿 m³/a,管径为1 219 mm,管材为X80钢,设计压力12 MPa。

主干线走向为新疆伊宁→乌鲁木齐→哈密→甘肃酒泉→宁夏中卫→甘肃平凉→陕西西安→河南南阳→湖北潜江→湖南长沙→广东韶关,并在湖北潜江与川气东送管道及黄场储气库连通,在广东韶关接入广东省管网。

准东支线长130 km,将准东煤制气接入新气管道;南疆支线长860 km,将天山南等区块天然气、页岩气、煤层气资源接入干线;豫鲁支线长885 km,在河南濮阳连接文23储气库和榆济线,在山东曲阜连接山东管网;赣浙支线长619 km,在江西丰城与江西省管网连接,在浙江常山与浙江省管网连接,并通过浙江省管网与温州LNG连通;广西支线长378 km,在桂林与广西LNG外输管道连接。

新疆段干线穿越有各种大、中、小型的河流,其中包括1次1 400 m总长的大型河流穿越,4次1 900 m总长的中型河流穿越以及200次总长720 m的小型河流穿越,管线在这些穿越地带的开挖形式全部是大开挖。铁路穿越11次,长度为1 060 m;高速公路穿越2次,长度为160 m;等级公路穿越5次,长度为220 m;山体隧道穿越1条,长度为3 700 m。

1.4　主要研究内容及技术方法

1.4.1　研究内容

(1)收集、调研有关盐渍土地区与本项研究具有一定关联度的文献、科研报告等70余篇,完成本项目大多数站场、阀室等勘察资料的收集整理工作,以及研究区范围内地形地貌、地质、工程地质、水文地质、地质灾害、气象等资料的分析工作。

(2)现场调查取样及测试工作:完成新疆、甘肃、宁夏等管道沿线典型盐渍土调查点调查、踏勘、部分现场实验以及取样工作,评价总结不同地区典型盐渍土以及不良地质灾害点的分布情况等。

(3)室内实验分析:完成盐渍土室内常规实验241组,易溶盐测试53组、盐胀实验162组;盐渍土成分分析(X射线衍射)、结构特征(扫描电镜)实验各50组;模拟溶液腐蚀实验4组、盐渍土毛细水上升实验16组,详见表1-1。

表 1-1　管线沿线盐渍土实验、取样一览表　　　　单位:组

地点	项目						
	室内常规实验	易溶盐测试	盐胀实验	成分分析(X射线衍射)	结构特征(扫描电镜)	模拟溶液腐蚀实验	毛细水上升实验
木垒	22	5	16	6	6	0	1
七角井	44	6	18	6	6	1	2
托克逊	22	6	14	4	4	1	2
艾丁湖	33	5	16	5	4	0	1
鲁克沁阀室附近	11	6	16	4	5	1	3
哈密	33	6	18	5	4	1	2
玉门压气站附近	33	5	15	6	6	0	1
三九阀室附近	14	5	16	5	5	0	1
金塔地区	14	4	15	5	5	0	1
白墩子地区	15	5	18	5	5	0	2
总计	241	53	162	50	50	4	16

(4)对管线沿线盐渍土分布特征及成因进行分析,系统总结分析不同地形地貌盐渍土的分布以及对管线的影响程度分级。

(5)进行不同盐渍土溶液对 X80 钢的腐蚀性模拟实验以及盐渍土水盐运移规律研究。

(6)盐胀等级判别模型的建立及盐胀等级分类。

(7)总结并提出不良地质危险性评价方法及防治措施。

1.4.2　技术方法

本书首先进行管线野外踏勘、取样,获得一手现场资料,根据室内实验,通过 SEM 分析土样微观结构、通过 XRD 研究盐渍土物质成分、通过室内实验进行盐分测定,进而作出新疆段典型盐渍土分布点的相关图件;接着利用盐渍土含盐量,配制盐渍土模拟溶液,通过模拟溶液对管道 X80 钢的腐蚀,观察腐蚀形貌,分析得到腐蚀规律,最终提出防治措施。

第2章　相关国内外研究现状

2.1　不良地质现象、地质灾害

多年来,众多学者和专家就新疆不良地质现象、地质灾害进行了较为广泛深入的研究。曹小红等(2019)通过对乌鲁木齐市及其周边地质灾害调查与现场勘测,发现区内地质灾害频发、种类较多,常常损失严重,崩塌滑坡灾害集中在降水、冰雪融化季节,且雨季次生地质灾害成因机制相对复杂;区内地质灾害具有分带分布性,南疆风积土浅表高位滑坡,北疆黄土滑坡及局地泥石流灾害发育。胡卫忠(1992)在阐述新疆主要地质灾害及其时空分布规律的同时,指出表生地质灾害的产生是自然因素与人类不合理开发资源所导致,并通过实例说明沙化的扩展和治理及其与植被的关系。余会明等(2017)进行了详细的野外地质灾害调查,查明了乌鲁木齐地区地面塌陷、崩塌、滑坡、泥石流等四类主要地质灾害的发育特征、成因及发育规律,并对形成条件和诱发因素进行了具体分析,提出了防治措施。刘威(2017)对乌鲁木齐市及库车县发育的地质灾害类型进行总结后得出,该区域主要是地面塌陷、崩塌、滑坡、泥石流等不良地质作用类型,通过对主要地质灾害类型的分布规律和影响因素进行研究,发现地貌单元、人口分布及活动范围不同,地质灾害点分布不均匀,地质灾害的地貌差异较为明显。王芸(2019)分析了新疆和田县朗如乡 X625 公路崩塌灾害地形地貌、地层岩性、工程地质条件、水文地质条件,对研究区崩塌灾害的发育特征、形成机制以及影响因素进行了分析,并对崩塌灾害的稳定性进行了评价。许雷涛等(2016)认为新疆农一师电力公司煤矿崩塌地质灾害是地层组合、地貌特征、水动力特性及地震等因素耦合的结果,其岩质崩塌破坏的主要荷载有危岩体自重、天然状态的裂隙水压力、暴雨状态的裂隙水压力和地震力,据此运用极限平衡理论及岩体结构理论建立了岩质崩塌破坏的计算模型,为岩质崩塌灾害的治理提供了理论依据。郭康等(2018)在区域地质环境和地质灾害调查的基础上,对崩塌灾害的分布规律、发育特征进行研究,并依据分形分维理论分析和计算了研究区崩塌地质灾害空间分布的分形特征,得出了研究区的分维值。

刘平等(2017)在查明泥石流地质灾害的发育特征、形成条件和影响因素的基础上,分别从水源和物源成因、集水区地貌特征、爆发频率、物质组成和流体性质等五方面对勘察区泥石流进行具体分类,并采用定性、半定量的方法对泥石流稳定性进行易发程度评价。安海堂等(2007)根据迪那河地区独特的地理位置,对各种地质灾害的分布特点、类型、成因等进行了分析,通过野外实地勘察,得出该地区崩塌成因以坡脚水流侵蚀为主以及滑坡、泥石流和洪水以暴雨诱发为主的结论。刘春涌等(2000)系统总结了新疆泥石流成因类型,分析指出了新疆泥石流具有气候、温度、时间和空间上的分布规律。Ouri 等(2009)将 GIS 和 AHP法结合进行滑坡危险性分区。Jamaludin 等(2006)对研究区内不同片区的滑坡进行打分,据此划分滑坡灾害等级。马丽丽等(2013)采用模糊数学法结合 AHP法进行不良地质作用区划评价,克服了主观臆断对评价结果的影响。李俊彦等(2014)基于逻辑回归模型和确定性系数评价法对油气管道工程沿线进行了滑坡危险性区划研究。

2.2 盐渍土成因及分布特征

国内外专家学者在盐渍土领域做了大量的探索和研究,取得了一系列有重大意义的成果,为工程建设中盐渍土工程特性分析和防治工作提供了理论和技术支撑。

苏联盐渍土广泛分布,工程建设受到较大影响,因此苏联学者早在 20 世纪中期就对盐渍土开展了相关研究工作,柯夫达(1957)研究了盐渍土成因,探讨了盐渍土的分布规律;别兹露克(1955)、鲍罗夫斯基(1980)等学者通过室内实验研究了盐渍土的盐类对其物理力学性质的影响,探讨了盐渍土的膨胀性、溶陷性等岩土工程特性。

Blaser 等(1969)在不同孔隙水盐浓度、含水量、干重度以及黏土矿物含量等四种不同影响因素下,系统地研究了以含硫酸钠为主的盐渍土在这些条件下的膨胀规律,分析了盐渍土的物理力学性质、盐胀机理以及与水相互作用,进行了深入的实验研究和机理分析。Bear 等(1995)综合考虑水盐运移的影响因素,建立了非等温条件下包气带中的盐分迁移模型。Rad 等(2012)探索了蒸发浓度与盐分浓度的关系。

我国的盐渍土研究开拓者熊毅早在 20 世纪三四十年代就开展了盐渍土的相关研究,并在 50 年代对中国盐渍土进行了分区。中华人民共和国成立后,铁路工程的大量建设迫使中国学者对盐渍土进行了更为深入的研究,卢肇钧等

(1956)针对盐渍土地区铁路路基因膨胀导致变形而开展了盐渍土盐胀特性的研究,并提出了铁路路基病害治理的基本原则与措施。徐攸在等(1991)研究了盐渍土地区的工程勘察、盐渍土地基处理、盐渍土施工维护等一系列问题后出版了《盐渍土地基》一书。新疆交通科学研究院(2010)开展了盐渍土工程特性研究,系统地总结了盐渍土地区公路病害及物理力学特性。罗金明等(2007)以吉林省长岭县地区为例,基于系统动力学原理,建立了水热盐复合模型,探讨了春季松嫩平原盐渍土积盐机理。

盐渍土在我国分布广泛,从热带到寒温带、滨海到内陆、湿润地区到极端干旱的荒漠地区,均有大量盐渍土的分布,且类型多样,如氯盐渍土、硫酸盐渍土和碳酸盐渍土。按盐渍土的分布、形成环境及化学性质不同,分为滨海海浸盐渍区、东北苏打-碱化盐渍区、黄淮海斑状盐渍区、蒙宁片状盐渍区、甘新内流盐渍区、青藏高寒盐渍区等。

何祺胜等(2007)对渭干河-库车河三角洲绿洲盐渍化成因进行了分析,认为干旱荒漠气候、含盐母岩和母质、活跃的地表水和地下水的补给是盐渍土形成的动力,人为活动是形成灌区次生盐渍地的重要条件。魏云杰等(2005)认为新疆土壤盐渍化的形成主要有地质、地貌、气候、土壤和人为灌溉方式不合理等原因,人为不合理的灌溉会促使其进一步恶化,认为脱盐聚盐混合型和脱盐聚盐反复型分布最为广泛,稳定脱盐型仅分布于竖井排灌区,并提出了具体的防治措施。姚荣江等(2007)从空间尺度对研究区地下水矿化度与耕层土壤积盐规律进行了定量分析,研究发现耕层土壤盐分与地下水矿化度的空间分布具有一定正相关性,而与地下水埋深呈负相关。买买提沙吾提等(2008)研究发现盐渍土主要分布在绿洲和沙漠之间的交错带,在绿洲内部呈条带状分布,而在绿洲外部呈片状分布,且绿洲外部重度盐渍地交错分布在中轻度盐渍地中间。马传明等(2007)在分析了我国西北地区盐渍化土地形成机制后,指出上游灌区土地次生盐渍化是西北地区盐渍化土地开发利用过程中所引发的重要环境问题。李元寿等(2006)分析了西北干旱区水资源的特点及利用现状,指出水资源利用上的过度和不当,是内陆河中游农灌区盐渍化与下游荒漠化的主要原因。

2.3 盐渍土工程特性

2.3.1 盐渍土膨胀性研究

高江平等(1997a,1997b)通过研究,提出了硫酸盐渍土盐胀率随含水量、氯化钠含量、硫酸钠含量、初始干容重和上覆荷载等五因素变化的计算公式,分析了盐渍土盐胀率的单因素作用规律,并指出盐胀率与各影响因素之间均呈二次抛物线规律;将含氯化钠、硫酸盐渍土的盐胀过程分为四种类型,研究了盐胀过程线的形成原因,便于指导工程实践中对盐胀过程线类型的判定。陈肖柏等(1988,1989)通过盐渍土的降温实验,指出盐渍土在经历多次降温后,盐土体强度降低、温度升高时,土体膨胀并不完全回落,提出盐胀过程具有不可逆性的观点。徐学祖等(2001)对硫酸盐渍土、氯盐渍土、碳酸盐渍土进行了盐-冻胀、水盐迁移实验,结果表明粉质硫酸盐渍土的盐-冻胀率最大,且发生盐-冻胀时的温度主要在 5～20 ℃。包卫星等(2006)对典型天然盐渍土进行了反复冻融循环盐胀研究,从土中的含盐类别这一视角发现了天然盐渍土的盐胀作用机理,结果表明冻融循环过程前期低液限黏土的盐胀特点表现为具有较好的累加性,后期冻融循环盐胀量较之前更小。张莎莎等(2009)对试样进行冻融盐胀测试和在其上施加荷载测试,认为土体在不加载情况下反复冻融,降温时体积膨胀,升温时体积收缩,土体上部覆盖附加荷载使土样对盐胀起到抑制作用。褚彩平等(1998)对人工硫酸盐渍土进行了冻融循环盐胀实验,发现当含盐 1.0% 以上时,盐胀的累加速率、循环次数之间的关系是二次抛物线,开口向下。

2.3.2 盐渍土溶陷性研究

徐攸在等(1991)在研究我国西部地区的盐渍土在突发性水灾作用下产生的盐渍土承载力及溶陷变形规律的基础上,阐述了开展防灾研究工作的主要内容、方法及步骤。张志萍(2007)就研究区天然含盐量以及不同温度、含盐类别条件下盐渍土的溶陷特性进行了研究,认为盐渍土在天然含盐量条件下具有较大的溶陷性,溶陷系数与离心力存在二次函数关系,指出在具有较强溶陷性的盐渍土地区修筑路堤时,可先强夯后再浸水加载荷,可消除溶陷对路基带来的危害。那姝姝等(2012)用双线法做溶陷性实验时设定了不同的含水率和干密度,得出了实验土样在含水率、干密度增加时溶陷系数会逐渐减小,随压力 p 的增加溶陷系数会不断增大的结论。李永红等(2002)研究认为含盐量和含泥量是无黏性盐渍土产生溶陷变形的内在因素,在一定的压力下,水是其产生溶陷性的外部因素。宋通海(2007)对氯盐渍土做了溶陷特性的实验研究,发现氯盐渍土的溶陷系数与含水率、压力、含盐量之间都存在很强的相互影响关系,在盐分刚刚开始溶解或者溶解结束的阶段,溶陷的敏感程度较弱,但在中间阶段,溶陷的敏感性会加强。罗友弟(2010)指出建(构)筑物因盐胀问题引起的破坏,并非完全由天然含盐量决定。柴达木盆地腹地超氯盐渍土因难溶盐及中溶盐含量偏高反而不产生溶陷。程东幸等(2010)研究了粗颗粒溶陷特性,指出合理地对粗颗粒盐渍地基土进行含盐量的界定是至关重要的工作。姚远等(2012)研究了盐渍土含盐量与湿陷性之间的规律,发现试样的基本物理力学性质与含盐量呈线性关系,湿陷性随着含盐量的增加而线性增大,当含盐量达到 8% 时,土颗粒之间胶结力与斥力间达到临界值,土体强度达到最高。张琦等(2010)以硫酸盐渍土为实验土样分析了含盐量不同时溶陷性的变化,认为静水条件下硫酸盐渍土的溶陷变形很小,含盐量是影响硫酸盐渍土溶陷变形的重要因素,含盐量越高,溶陷系数越大。谢东旭(2013)采用扫描电子显微镜分析了研究区盐渍土的微结构对溶陷性、无侧限抗压强度特性的相互关系。

2.3.3 盐渍土腐蚀性研究

盐渍土含有的腐蚀性盐离子,特别是易溶的硫酸盐和氯盐,对接触盐渍土的建(构)筑物具有明显的腐蚀性。陈伟等(2004)分析了盐渍土对钢筋混凝土类建筑材料的腐蚀机理,指出氯盐、硫酸盐是钢筋混凝土类材料腐蚀的重要原因。周瑞福(2012)提出了西宁地区盐渍土工程地基处理要以"防治结合、综合治理"的原则采取相应的防水措施、地基基础和结构措施。杨高中等(2007)认为盐渍土中的氯盐对建(构)筑物起到主要的破坏作用,提高混凝土抗腐蚀的主要途径是最大限度地提高混凝土本身的耐久性,同时在使用中保持低渗透性。张冬菊(2000)阐述了盐渍土地区具体问题的处理方法,根据不同的盐渍土地基采取不同的措施,如强夯法、垫层法及桩基础等其他措施。薛明等(2008)认为盐渍土的腐蚀取决于含盐的性质、种类和数量,以硫酸盐为主的盐渍土通过化学反应和结晶胀缩的双重作用对水泥制品产生膨胀腐蚀破坏;以氯盐为主的盐渍土通过改变土壤酸碱度、去极化作用、导电等物理作用腐蚀钢筋,溶蚀水泥混凝土并伴有晶变等胀缩作用。陈永利(2008)提出设置隔离层、采取必要的防水措施、置换盐渍土、因地制宜采取化学处理等办法治理盐渍土。杨军田(2012)研究得出新疆东部地区盐渍土为以氯(亚氯)盐渍土和硫酸(亚硫酸)盐渍土为主,碱性盐渍土含量较少;盐渍土腐蚀性机理差异较大,新疆东部地区氯盐渍土对道路工程的影响为主,新疆东部地区硫酸盐渍土对道路工程中混凝土结构的腐蚀性等级为中等,提出了氯(亚氯)盐渍土抗腐蚀处理措施。

2.4 盐渍土对管道的腐蚀性

由于土壤含盐量较高,盐渍土会对输气(油)管道产生一定程度的化学腐蚀,从而对输气(油)管线产生严重的破坏,严重者会造成油气泄漏,酿成较大的经济损失。大量实验证明,在土壤环境中管线钢的应力腐蚀开裂现象普遍存在,并将威胁到管线的安全运营。X80 钢被大量使用于我国管道建设中,为保证其使用安全,对 X80 管线钢在我国典型土壤环境中的腐蚀行为与机理需做深入研究,这也是目前必要的、急需解决的科学问题之一。管线钢所处的土壤环境是一个极其复杂的腐蚀体系,是一个由物理、化学、电化学及力学等多种因素综合作用的环境,其腐蚀性极强。在土壤腐蚀案例中,由于管道钢材的老化,管材涂层发生破损、脱落,钢管暴露在土壤腐蚀介质中,进而发生的腐蚀现象占很大的比例。

目前,国内外对 X80 钢的研究多集中在高 PH-SCC 环境模拟溶液和实验室的标准实验溶液 NS4 上,而针对高强度管线钢在我国实际土壤环境服役过程中的腐蚀行为研究相对较少。刘智勇等(2008)综述了国内外管道钢土壤环境应力腐蚀开裂实验室模拟溶液体系。张国珍等(2008)研究了盐渍土地区钢筋混凝土排水管道的腐蚀原因,初步探讨了钢筋混凝土腐蚀机理。王莹等(2010)采用失重法、电化学测试、SEM、EDS 等方法研究了 X80 管线钢在我国典型土壤模拟溶液中的腐蚀行为。冯佃臣(2008)研究了 Q235 钢和 X70 管线钢在内蒙古包头地区土壤中的腐蚀行为。王文杰(2007)选择库尔勒地区具有代表性的盐渍土,对 X70 钢在不同含水量、不同温度的土壤中腐蚀早期的腐蚀电化学行为进行了研究。唐囡等(2014)通过模拟实验研究了混凝土孔隙溶液中硫酸根离子对碳钢腐蚀的影响。程安林(1993)对盐渍土进行了分层取样,测试认为主要为亚硫酸-硫酸盐渍土,具有中-强腐蚀性,对地下管网、电气接地网有较强的腐蚀性,并提出了相应的处理措施。

2.5　盐渍土地区管道防腐研究现状

由于盐渍土地区管线遭受较为严重的腐蚀,因此必须基于前面的管道腐蚀规律,研究相应的防腐措施。巨新昌等(2007)通过对氯盐与硫酸盐渍土腐蚀机理的分析,提出了盐渍土地基防腐蚀设计与施工的建议。赵金东(2013)进行了半浸泡耐硫酸盐腐蚀和氯盐腐蚀的性能研究。叶国文(2009)对长距离大流量输水工程的防腐进行了研究。王小康等(2012)指出了管道在应用过程中存在的一些问题,并对其在油田进一步推广应用提出了几点建议。黄超等(2015)针对哈萨克斯坦南部别伊涅乌至奇姆奇特的输气管道工程,从问题的提出与方案优化、优化方案的论证、成本控制等方面进行了研究。刁照金(2014)分析了原油集输管道土壤腐蚀的成因、管道防腐的主要措施以及管道防腐层检测的主要技术,并结合局部腐蚀进展提出公式对集输管道的剩余服役寿命进行了估算。李文华(2009)研究了黏弹体防腐胶带防腐层修复问题。王天明(2007)总结了盐渍土对金属管道及其外防腐层的作用和盐渍土地区金属管道敷设的质量控制要点。

2.6 本章小结

本章从油气管道沿线不良地质现象、地质灾害,盐渍土成因及分布特征,盐渍土工程特性,盐渍土对管道的腐蚀性,盐渍土地区管道防腐等方面分析了大量文献,了解了国内外专家、学者在这些方面最新的研究成果。

第3章　沿线自然地理、区域地质及水文地质概况

新气管道工程新疆干线,起自昌吉回族自治州木垒县木垒首站,止于哈密市红柳乡新甘省界,沿途经过木垒县、哈密市等2个县市区。该线路主要经过东天山南北山麓地带及其中低山地带,设计路线长度543 km。

新疆干线河流穿越:大型穿越1次,长度1 400 m;中型穿越4次,长度1 900 m;小型穿越200次,长度720 m,均采用大开挖方式。铁路穿越11次,长度1 060 m。高速公路穿越2次,长度160 m。等级公路穿越5次,长度220 m。山体隧道穿越1条,长度3 700 m。

线路走向:主干线沿线经过昌吉回族自治州木垒县、哈密市红柳乡,经过2个地、州的2个县市,总计1县、1市。木垒县(木垒注入压气站)→哈密市(七角井注入压气站、哈密分输压气站、石燕压气站)→甘肃界,沿途有注入压气站、分输压气站、分输清管站、阀室总计21座。

新气管道工程甘肃干线西段管道起自酒泉市瓜州县柳园镇,经玉门市和酒泉市的金塔县,张掖市的高台县、临泽县、甘州区和山丹县,金昌市的永昌县,武威市的凉州区和古浪县,止于白银市景泰县上沙沃镇,管道长1 064 km;东段管道起自平凉市崆峒区草峰镇,经崇信县、泾川县,止于平凉市灵台县邵寨镇,管道长175 km。甘肃干线设计线路长度1 239 km,境内干线共设站场8座,阀室40座,其中监视阀室29座,监控阀室11座。

甘肃省境内干线管径1 219 mm,设计压力12 MPa,钢管选用X80钢。除了特殊位置需要采用隧道、定向钻、顶管穿越外,管道采用埋地敷设为主。

新气管道工程宁夏干线位于宁夏境内,起自中卫市沙坡头区甘塘镇营盘水站西南处甘宁界,止于固原市彭阳县红河乡南侧宁甘界,途经中卫市沙坡头区、中宁县和海原县,吴忠市的同心县,固原市原州区和彭阳县,共计3个地级市、6个区县,管道全长397.7 km。线路走向:沙坡头区甘塘镇→中卫分输压气站→沙坡头区宣和镇→中宁县大战场乡→中宁县长山头农场→同心县河西镇→同心县王团镇→海原县高崖乡→海原县李旺镇→原州区三营镇→固原压气站→原州区开城镇→彭阳县古城镇→彭阳县红河乡。

3.1 自然地理

3.1.1 新疆段

新疆属温带大陆性气候,冬长严寒,夏短炎热,春秋变化剧烈。年平均气温南疆为 10 ℃,北疆准噶尔盆地为 5～7 ℃,阿尔泰、塔城地区为 2.5～5.0 ℃。1 月份南疆平均气温比北疆平均气温高出 10～12 ℃,7 月份高出 2～3 ℃,日差平均可达 12～15 ℃,最大可达 20～30 ℃。夏季干热,冬季干冷,全区多年平均降水量为 145 mm。近年来新疆多发极端气象情况,多地出现了特大暴雨,远超已有气象记录。2012 年 6 月 4 日 15 时至 18 时,新疆库尔勒降水量达 75.8 mm,均突破日降水量历史极值 27.5 mm,为年平均降水量 59.2 mm(1981—2010 年)的 1.2 倍。2012 年 6 月 6 日,哈密市乌拉台乡降雨量达 40 mm 以上。极端暴雨气象情况极易诱发泥石流、滑坡、崩塌等地质灾害,应进行重点防范。

新疆风多且大,并呈现北疆大于南疆、戈壁大于山区、盆地边缘大于盆地腹地的特征。大风(即≥8 级的风)是新疆气象主要灾害。北疆西北部、东疆和南疆东部是大风高值区,起风沙日数塔里木盆地一般在 30 天以上,北疆和东疆部分地区则在 20 天以下。大风对部分沙漠地段产生风蚀,应重点防范。

木垒注入压气站至七角井注入压气站:沿线整体交通条件较好,均属中温带大陆性干旱气候区,总体上具有降水稀少、风大沙多、蒸发强烈、冬冷夏热、昼夜温差大、日照时间长等特征。该地区多年平均气温 5.3～9.1 ℃,极端最高气温能达 40 ℃以上,极端最低气温−35 ℃以下,气温年较差、平均日较差偏大;降水量呈现由西向东逐渐增加之势;年平均日照时间为 2 709.6 h;年均平均湿度为 61%;年平均风速为 2.0～6.0 m/s,且具有平原大于山区、东部大于西部、北部大于南部的特点。

七角井注入压气站至哈密分输压气站线路位于哈密市内,管道沿线植被稀少,其中管道伴行路为碎石路面,整体交通条件较好。管道沿线地处我国内陆,属温带大陆性干旱气候区,总体上具有降水稀少、风大沙多、蒸发强烈、冬冷夏热、昼夜温差大、日照时间长等特征。据新疆维吾尔自治区气象局《地面气候资料(1951—1980)》可知:年平均气温 9.7 ℃,极端最高气温 42.6 ℃,极端最低气温−28.6 ℃,年平均地面温度 12.7 ℃。降水主要集中于 6—8 月,年平均降水量 37.1 mm;蒸发多集中在每年的 5—8 月,占全年蒸发量的 57%～66%,每年的 12 月至次年 2 月蒸发较弱;每年 3—9 月为风季,年平均风速 2.4 m/s,风向以东北风、东风以及西北风为主,管线经过的十三间房一带被当地称为"百里风区"。

3.1.2　甘肃段

（1）甘肃干线西段

管道工程沿线西段位于甘肃省西北部的河西走廊地区，为典型的内陆干旱气候，气候总体特点是冬冷夏炎、昼夜温差大、干旱少雨、蒸发强烈、风大沙多。由于区内降水年内分布不均，山区全年降水量的 78.4％～89.9％ 集中在 6—9 月，虽然年降水总量为 250～500 mm，但集中在短时期、高强度输入，极易在山区超渗产流，易形成山区洪水。极端暴雨气象情况易引发泥石流、滑坡、崩塌、洪水等地质灾害，应进行重点防范。

本区为季风强活动带，冬、春季以西北风为主，风力大、频率高，二者均有由东向西逐渐增强的态势，年平均风速 3～5 m/s。瓜州大风日数年平均为 69 天，走廊其他地段大风日数一般为 45 天左右。大风气候孕育了本区戈壁荒漠景观，风蚀沙埋灾害在区内较为普遍，应重点防范。

区内冻土层深度介于 85.0 cm（景泰）至 159.0 cm（永昌）之间，均为季节性冻土，发育于 11 月至次年的 3 月，存在一定的冻胀融陷危害，但危害较小，在管道施工中宜采取适当措施予以防范。

（2）甘肃干线东段

管道工程沿线东段位于甘肃省东南部的陇东地区，根据甘肃省气候区划，平凉属于陇中南部温带半湿润区，总的气候特征是夏短而冬长，冬春干旱多风，夏秋阴湿多雨。由于受西北地区东部重要分水岭六盘山以及特殊地形的影响，使得平凉气候在东西南北方向上有着一定的差异。据当地气象局对平凉市资料统计：年平均气温 7.5～10.2 ℃，区域气温由西向东逐渐升高，东西相差2.7 ℃，气温的年际变化幅度在 1.7～3.0 ℃ 之间，1 月最冷，7 月最热。近 50 年资料统计结果表明：年平均气温、四季平均气温均呈现明显上升趋势，尤以冬季升温最为明显。平凉市平均年降水量为 442～615 mm，西部最少，东部最多，二者相差约 173 mm，降水主要集中在 4—10 月，占年降水总量的 90％ 以上，近 50 年来逐年降水量略呈下降趋势。平均年蒸发量为 1 023～1 425.1 mm，年平均相对湿度为 64％，6—9 月相对湿度在 64％～78％ 之间，其他月份在 55％～60％ 之间。年平均风速为 2.0 m/s，以东东南风和西西北风为主，春季风速大，尤以 4 月最大，平均风速达 2.5 m/s，多年平均最大风速达 17 m/s。本区最大冻土深度为 62 cm。

平凉市地貌形态属于黄土高原地貌，山谷连绵，沟壑纵横，交通条件较为便利。市区内山体多呈长条状延伸，坡体为人工修筑的梯田。局部区域冲沟发育，随流水不断冲刷向山下延展。山体多处分布有黄土陷坑、落水洞以及废弃的窑洞。

崆峒区、泾川县境内降水分布明显不均匀，降水量从南部向北部递减，南部山区降水量高达 600 mm,降水多以暴雨为主,日最大降水量 104.7 mm,瞬时暴雨是引发地质灾害的主要原因之一。

3.1.3 宁夏段

新气管道工程宁夏干线贯穿宁夏中、南部,属干旱半干旱大陆性季风气候,风大沙多、干旱少雨、蒸发强烈是其气候的显著特点。

固原市地处黄土高原暖温半干旱气候区,是典型的大陆性气候,具有冬季漫长寒冷、春季气温多变、夏季短暂凉爽、秋季降温迅速,昼夜温差大,春季和夏初雨量偏少,灾害性天气多,区域降水差异大等气候特征。年平均日照时数 2 518.2 h,年平均气温 6.1 ℃,年平均降水量 492.2 mm,年蒸发量 1 753.2 mm,大于 10 ℃的活动积温 2 000~2 700 ℃,无霜期 152 天,绝对无霜期 83 天。

中卫市深居内陆,远离海洋,靠近沙漠,属半干旱气候,具有典型的大陆性季风气候和沙漠气候的特点。春暖迟、秋凉早、夏热短、冬寒长,风大沙多,干旱少雨。年平均气温在 8.2~10 ℃之间,年无霜期 159~169 天,年均降水量 138~353.5 mm,年蒸发量 1 729.6~1 852.2 mm,全年日照时数 3 796.1 h。中卫城区年平均气温 10 ℃,极端最高气温 36.7 ℃,年降水量 138 mm,年蒸发量 1 729.6 mm,为降水量的 12.53 倍。降水量主要集中在 6—8 月,占全年降水量的 60%。全年无霜期平均 167 天,全年日照时数 3 006 h。中宁县年平均气温 11 ℃,年平均降水 192.3 mm,6—8 月的降水量占全年降水量的 61%;年蒸发量 1 833.8 mm,为年平均降水量的 9.54 倍。

线路所在区域属黄河水系,主要为黄河及其诸多一、二、三级支流河沟;黄河自黑山峡进入该区域,向北急转东流,经下河沿进入卫宁冲积平原,峡谷地段水面宽 150~250 m,平原段水面宽 250~1 000 m,枯水期水面宽 221~980 m,水面自然坡降 1/1 300 左右,流速分别为:洪水期 2.2~4 m/s,常水期 1.7~3 m/s,枯水期 0.77~2.0 m/s。

路线所经地区发育的河(沟)除清水河、长流水沟属黄河一级支流外,其他河(沟)均为季节性径流的次级干沟。

3.2 地形地貌

3.2.1 新疆段

新疆地形地貌呈现山脉与盆地相间排列、盆地与高山环抱特征。北部为阿尔泰山脉、中部为天山山脉、南部为昆仑山和阿尔金山组成境内山系,南部是塔里木盆地、北部是准噶尔盆地。习惯上称天山以南为南疆,天山以北为北疆,把哈密、吐鲁番盆地称为东疆。新疆干线管道工程木垒县为天山北麓山前冲积平原,七城子至七角井为东天山山区深谷地貌,哈密段为山前冲积平原与盆地戈壁地貌段。

① 风积沙地:主要分布于托克逊一带,其南部为天山山脉,北部为艾比湖的湖积平原,为高差不大的台阶型平台或缓地、风积沙丘、沙窝等,以粉细砂为主,夹少量角砾(砾砂)。该地貌土壤中含盐量较高,一般都构成盐渍土(盐碱地),生长有喜盐类植物,车辆难以通行。

哈密市风积沙地主要分布于四堡阀室至哈密分输压气站沿线,其北部为天山山脉,南部为南湖戈壁及罗布泊,为高差不大的台阶型平台或缓地,局部有湖相沉积、风积小沙丘、洪积黏性土、细砂、角砾(砾砂)。该地貌土壤中含盐量较高,一般构成盐渍土。

② 冲洪积平原:主要分布于库米什至鄯善段,为山前冲积平原,地形较平坦,多为农田,种植棉花、玉米、葡萄等作物。河流、沟谷较发育,人工渠分布较多,以粉土、粉细砂为主,局部夹卵砾石层。

③ 山前洪积扇及砾质倾斜平原:主要分布于木垒县的天山北麓山前,地势整体上南高北低,多已连成一片形成洪积扇或洪积砾质倾斜平原。由山前向盆地中心倾斜,局部成陡坡接触或缓升降的平缓台阶地形,组成物质为第四系上更新统至全新统洪积砂砾石。

④ 剥蚀缓丘及剥蚀残丘地貌:主要分布于四堡阀室至哈密分输压气站沿线,沿干线分布的剥蚀残丘多为火成岩、沉积岩、变质岩风化残坡积物,下伏基岩,地形一般起伏不大,相对高差在 5~15 m,局部沿冲沟走向的较为平缓。

⑤ 剥蚀准平原及风蚀雅丹地貌:主要分布于七角井注入压气站至哈密分输压气站线路沿线,多沿沟谷发育,很少有植物生长,由于地层的差异性风化,形成地表为长条状垅岗高地及狭长的壕沟,车辆难以通行;雅丹地貌主要分布在十三间房至三道岭段。

3.2.2　甘肃段

(1) 甘肃干线西段

甘肃干线西段管道工程沿线主要在河西走廊北侧的马鬃山、合黎山、龙首山南麓人烟较少的偏僻地带穿行,避开了经济条件较好的河西走廊南侧的西气东输、铁路公路、输电线路等线型工程走廊带,虽牺牲了较为便利的交通条件,却可开拓出宽广的新工程走廊。

根据沿线地貌形态和成因类型分类,可划分为构造剥蚀低山丘陵、洪积倾斜平原、构造剥蚀中低山、冲洪积倾斜平原、风积沙地等五类地貌类型。

① 构造剥蚀低山丘陵:主要指北山的红柳河至柳园镇一带的低山丘陵,由震旦系、寒武系、石炭-二叠系的片麻岩、大理岩、变质砂岩、砂岩、页岩等组成。晚近地质时期以来处于缓慢上升的构造剥蚀过程。该区褶皱、断裂较为发育,岩

石表层风化、剥蚀强烈,10 m 以浅为强风化带。海拔 1 600～1 850 m,切割深度 10～40 m,最大 60 m。山体坡度较为平缓,大多呈"馒头"状地形。

②构造剥蚀中低山:分布于金塔至高台一带合黎山南部及山丹至永昌河西堡一带龙首山区,主要由寒武系、石炭-二叠系片麻岩及新近系-侏罗系板岩、页岩、泥岩、砾岩组成,剥蚀强烈。海拔 1 500～2 100 m,切割深度 10～100 m,最大 150 m,部分地段为波状地形。

③洪积倾斜平原:分布于北山地区红柳河至柳园山间盆地及瓜州以北柳园至玉门戈壁带。地形开阔平坦,以洪积扇裙地貌为主,由第四系砂、砂碎石、砾石等组成。海拔 1 390～1 600 m,微向南倾,地形坡度 15‰～25‰,冲沟较为发育,沟宽 5～50 m,沟深 0.5～1.5 m,沟床坡降 20‰左右。大泉车站北东 5 km 处为汇水洼地,水位埋深较浅。洪积倾斜平原带冲沟发育,相对高差 10～40 m。

④冲洪积倾斜平原:分布于玉门至金塔一带戈壁滩,金塔至永昌段合黎山、龙首山南山前一带,武威至景泰北部。以冲洪积地貌为主,由第四系砂砾卵石、砂碎石组成,局部覆盖有 1～3 m 的粉土。海拔 1 400～2 300 m,地形坡度 10‰～35‰,地势总体平坦开阔。

⑤风积沙地:分布于玉门至金塔、生地湾农场、金塔至高台巴丹吉林沙漠边缘、古浪腾格里沙漠边缘。岩性主要由第四系风积中粗砂、中细砂组成,海拔 1 650～1 700 m,除腾格里沙漠南缘主要以新月形高大沙丘为主,其他地段都以低矮沙链、沙包、沙垄为主。沙丘高差一般小于 20 m。沙地边缘皆受到人工绿洲的庇护以及不断地治沙防沙,现大多处于半固定状态。

(2)甘肃干线东段

甘肃干线东段管道工程主要穿引于陇中黄土高原丘陵区(图 3-1)。该区海拔 1 200～2 500 m,相对高差 500～800 m。第四纪以来先后堆积了较厚的午城黄土、离石黄土和马兰黄土。

图 3-1　平凉市崆峒区黄土丘陵地貌

根据地貌形态和成因类型,可将甘肃干线东段沿线分为剥蚀堆积黄土残塬及丘陵和侵蚀堆积河谷平原等地貌类型。

① 剥蚀堆积黄土残塬及丘陵:按构成地貌格架的基底及微地貌的不同,可分为两个亚类。

a. 残塬黄土丘陵:主要分布于管线通过区的泾河以北地区的白庙、草峰、索罗塬区,崇信县的柏树乡、灵台县的独店镇、吊街乡等地。塬区呈狭长条形,沿NW-SE 向展布,海拔 1 400～1 650 m,塬区以 6‰的坡度向东南倾斜。塬区两侧梁峁、冲沟发育,呈 V 形,溯塬和下切侵蚀作用强烈,切割深度 150～200 m。植被不发育,上覆黄土质地疏松,水土流失强烈,崩塌、滑坡、落水洞发育。灵台县的独店镇、吊街乡塬面平坦开阔,呈长条形 SW 向展布,海拔 1 250～1 450 m,以 4°～5°坡度自西向东倾斜,塬边被切割为数米至百米高的陡坎。

b. 梁峁与沟壑相间的黄土丘陵:黄土沟壑地貌分布于塬边至河谷川地边缘之间(包括河谷阶地),海拔 1 000～1 462 m。在管线通过区主要分布于崆峒区的白水镇杏林村至崇信县吴家湾村及灵台县吊街乡至灵台县中台乡安家庄等区段。

河谷及大型沟谷下游切入基岩数米至数十米,基岩地层为下白垩系志丹群碎屑岩,构成丹霞地貌,上覆黄土厚 200～300 m,黄土丘陵两侧沟谷切割深度150～300 m。沿河谷走向平均 2 km 发育一条大型沟谷,沟谷剖面多呈“谷中谷”,平面上呈长条“叶脉状”,支沟发育,沟脑平面形态近于半圆或单椭圆形,沟脑支沟呈“导砂斗槽”汇于主沟,主沟纵坡降 40‰～200‰,沟谷斜坡极不规则,陡崖、陡坡与缓坡平台相间,多呈阶梯状。

黄土沟壑区居民点稀疏,经济条件较差,滑坡、崩塌发育,同时也是泥石流、山洪灾害的高发区。

② 侵蚀堆积河谷平原地貌:位于泾河、汭河、黑河、达溪河河谷区,泾河受新构造运动影响,北岸发育有三级、南岸发育有五级内叠式阶地,以Ⅱ级阶地最为发育,阶面宽 1 000～2 500 m;残存的Ⅲ～Ⅴ级高阶地主要见于泾河南岸十里铺以西。泾河、汭河和黑河河谷两侧出露基岩,河谷松散堆积物厚度较薄。沿河谷走向,单侧平均约每 2 km 发育一条大型沟谷。

3.2.3　宁夏段

固原市属于黄土梁、山前洪积平原地貌(图 3-2)。交通便利,交通设施齐备。市区内道路纵横,四通八达,与 X208 乡道由 S101 省道相连,该段皆为沥青路,交通便利。区内总体地势表现为丘陵、山地地貌。黑城至固原一线受河流作用,为南北向狭长宽阔的冲积地貌,最宽处达 13 km,地势平坦。黑城至固原以西为中低山地貌,受长期风化剥蚀,大部分地区已成准平原并为厚层黄土覆盖。黑城至固原以东基岩为厚层黄土覆盖,已成黄土塬地貌。

图 3-2　固原段管道沿线地形地貌

中卫市地势总体表现为南高北低,南部为中低山地,受长期风化剥蚀作用,已成准平原,局部山体已被厚层黄土覆盖,海拔多在 1 700～2 000 m。中卫至中宁一带为宽阔的湿地地貌,总体地势平坦,平均海拔 1 200 m。中卫至中宁以北为沙漠及低缓的山地,总体地势呈丘陵状,海拔 1 300～1 400 m。

3.3　地层岩性

3.3.1　新疆段

区域地层发育齐全,从太古宇至第四系都有出露,其中古生界分布最广,构成天山的主体。晚石炭世之前,整个天山经历了大陆形成、裂解、板块活动等阶段,沉积类型基本为海相沉积;晚石炭世-早二叠世为陆内裂谷阶段,沉积类型比较复杂,有边缘海盆及残余海槽环境形成的海相沉积,也有部分陆相沉积;中生代之后,天山主要为板内陆相沉积,仅在天山西南部见有部分海相及潟湖相沉积。前第四纪基岩地层主要分布于木垒七城子至哈密七角井东天山段、哈密山区段,第四系分布于天山北麓木垒段、东天山南麓哈密南部段。

下更新统砾岩组(Q_1):分布于河流两岸地区,岩性为灰色砾岩、砂砾岩和砂岩组成的砂砾石,砂砾岩中常含有较大砾石(直径 15～20 cm),砾石磨圆度良好,分选性较差,成分复杂,胶结较差,略具定向排列组成交错层理。有的地方垂直节理发育,风化后形成柱状体,常构成河床高阶地。

中更新统(Q_2):为淡灰黄色砂土、粉土、砂砾等冲积-洪积沉积,质松多孔,具微薄层理。在下部有不稳定的砂质和砂砾层,绝大部分具有一层厚约 3～5 mm 到 20 cm 的凹凸不平的盐壳;局部洼地以洪积、堆积为主,由未胶结或胶结不好的洪积砾石夹粉土组成,厚度约 1～5 m,不整合在老地层之上,砾石成分复杂,北部主要由古生代的火山岩、砂岩等组成,砾石表面多见黑色岩石漆。粒径大小不一,一般为 5～20 mm,磨圆半棱角状或圆形,砂泥质或钙质胶结,因长期风化、剥蚀作用而产生原地崩解现象。其高出上更新统戈壁高原 4～10 m,下伏地层砾岩组。

上更新统(Q_3):分布于山前地带和较大河谷阶地,部分沿山麓、台地以及河流高阶地分布,为一套冲积-洪积堆积砾石、碎石、砂和砂土等,厚 20～50 m,此外尚有风成黄土和砂土等,砾石岩性为灰黑色冲洪积砾石层夹粉细砂层,砾石呈黑色,磨圆较好。灰色洪积砾石层,砾石成分复杂,分选性差。砾径一般为 5～10 cm,未胶结或半胶结,被泥充填,层理不清,见有黄色粉砂质黏土、细砂透镜体,少量达 60 cm 以上,巨砾多堆积在山麓一带,不具胶结。

上更新统-全新统(Q_{3-4}):广泛分布于盆地内部,由灰色洪积砾石、砂砾、粗砂和砂土等组成,砾石层薄,未经胶结,砾石直径一般为 5～20 mm,最大 50 mm,最小 1 mm。砾石成分主要包括安山玢岩、凝灰岩、霏细岩和花岗岩等,一般具分选度和水平层理。地表局部地方见有盐碱壳,其底部为略具胶结的细砂层,厚度不稳定。洪积-冲积沉积沿兰新铁路以南呈条带状分布,为土黄色粉土、黏砂土和少量黄土组成,厚度一般为 1.5～2.0 m。管道所经区域分布洪积平原,部分地区构成高 3～4 m 的阶地,为洪积碎石-砾石堆积,堆积物为砂、岩屑及砾石,产状近于水平(倾角仅 2°～3°)。岩屑、砾石成分极复杂,随附近基岩岩性不同而异,直径一般为 0.5～5 cm,越近山麓地带直径越大,可达 50 cm 之巨,厚 169 m 以上。

全新统(Q_4):全新统共划分出洪积、冲积、冰水堆积、湖沼沉积和风成黄土等成因类型,分布于常年性有水河流河谷两侧和间歇水流干沟中。岩性为砾石、砂土及黏土所组成,分选性差,厚度变化大。中上游以卵砾石、砂砾石为主,向下游颗粒逐渐变细,为现代沉积,成因类型多样。管线经过本地段内仅有冲洪积和坡洪积两种类型。冲洪积分布于白杨河河床及低阶地上,岩性为卵砾石;卵砾石成分复杂,砾径一般为 5～20 cm,大者达 50 cm 以上,磨圆度较好,多呈次圆状,松散,未胶结;砾石扁平面多呈倾向上游的定向排列,分选性较好。坡洪积分布于白杨河两侧的现代洪水冲沟中,岩性为砂砾石,磨圆度和分选性差,无定向排列,未胶结,本层厚度大于 5 m。全新统冲积层(Q_4^{al})分布于河流、常年性小河河谷两侧和间歇水流干沟中。岩性为砾石、砂土及黏土所组成,分选性差,厚度变化大。中上游以卵砾石、砂砾石为主,向下游颗粒逐渐变细。

新疆段区域综合地层岩性详见表 3-1。

表 3-1 新疆段区域综合地层岩性表

系	统	组	代号	厚度/m	岩性
第四系	全新统		Q_4	40	以冲积层和洪积层为主,主要岩性为砂砾石、中细砂、粉质砂土、砂质粉土、粉土、黏土,中下游为亚黏土、中细砂、粉细砂夹薄层亚黏土及亚砂土,砂砾石与亚砂土、亚黏土互层,砾石磨圆度差,砂砾层含碎石较多
第四系	上更新统		Q_3		以冲积层和洪积层为主,有部分风积层,岩性以各种成分的砾石层为主
第四系	中更新统		Q_2		以洪积层为主,岩性以具层理的砂和砾石层为主
第四系	下更新统	砾石组	Q_1l	3~8	以淡红色、灰色砂岩,灰色钙质砾岩和淡黄色砂砾岩为主
新近系	上新统	葡萄沟组	N_2p	49	以灰红色砾岩和黄红色含砾泥质粉砂岩为主
		托卡普组	N_2tg	100	以浅红色砂岩、粉砂岩及砂砾岩为主
		马萨盖特组	Pg_3-N_1mt	163	上部为泥岩砾岩互层,中部为粉红色钙质结核砂砾岩,下部为杂色砾岩及粉红色粒状石灰岩、泥岩
	中新统	桃园树组	N_1t	87	以红色泥岩和紫黄色、红黄色砂质泥岩为主,夹厚约 3~5 cm 石膏层
侏罗系	上统	红山组(第二、三亚组)	J_3h	968	上部为黄绿色细砂岩、中粒砂岩和灰岩、黄绿色砾岩互层;下部为黄绿色泥质粉砂岩、细砂岩、中粒砂岩和灰岩、黄灰色砾岩互层
	上中统	石树沟群	$J_{2-3}sh$		以黄绿色、灰黄色泥质砂岩为主,并有粉砂质泥岩夹砾岩
二叠系	下统	库莱组	P_1k	1 453	上部为深灰紫色橄榄玄武岩,夹深紫色石英斑岩;下部为灰紫色、紫红色硅质砾岩,夹砖红色细砂岩、火山角砾岩、石英斑岩及安山玢岩。砂质砾岩中楔形交错层发育
		乌郎组	P_1w	39~1 105	以紫灰、紫红、灰褐、灰绿色岩屑凝灰岩、熔结凝灰岩、橄榄玄武岩、玻基玄武岩、流纹岩、霏细岩为主

表 3-1(续)

系	统	组	代号	厚度/m	岩性
石炭系	上统	科古琴山群	C_3kg	329.8	上部为灰色中层状含生物碎屑灰岩、含泥粉砂岩及细砂岩;下部为灰褐、褐色块状砂砾岩、砾岩夹砂岩
		杨布拉克组	C_3y	4 818	上部为绿灰色、黄绿色火山灰凝灰岩和浅灰紫色凝灰质砾岩,夹生物碎屑灰岩透镜体;下部为灰绿色凝灰质砂砾岩、灰绿色砾岩和硬砂岩,夹玄武玢岩、霏细斑岩及灰岩透镜体,在卡扎赫七角井一带下部变为深绿色玄武岩和紫灰色、紫红色安山岩夹英安斑岩,产腕足化石
	中统	沙雷塞尔克组第三亚组	C_3s^c	2 633	上部为深绿色英安斑岩和紫灰色、灰绿色安山岩不均匀互层,夹玄武岩、凝灰质砾岩及灰岩透镜体;下部为灰绿色、紫红色安山玢岩和深绿色玄武岩互层,夹英安岩、凝灰岩及凝灰粉砂岩
		居里得能组第二、三亚组	C_2j	5 695	上部局部具有杏仁构造、球状构造和枕状构造的灰绿、灰褐色玄武岩、玄武玢岩、玄武安山岩和英安岩的不规则互层;下部为灰绿、黄褐、灰黑色凝灰砂岩、凝灰粉砂岩、凝灰角砾岩不均匀互层,夹碳质泥岩、粉砂岩、硬砂质复矿砂岩、砂砾岩
		东图津河群	C_2dn	280~1 171.8	上部为浅玫瑰色英安斑岩、灰绿色酸性火山灰凝灰岩;中部为浅灰色厚层状灰岩、薄层状砂质灰岩、黑色页岩及薄层状砂岩、砾岩;下部阿拉拜萨依一带岩性为黑灰色灰岩、页岩、红褐色粗砂岩及砾岩夹碳质页岩,尼勒克会岸一带岩性为黄褐色块状、中薄层粗-巨粒岩屑砂岩、砾岩,夹流纹质晶屑凝灰岩、灰岩及碳质泥质-粉砂岩、煤
		巴音沟组下亚组	C_2b^a	1 745.8	以深灰色泥质粉砂岩、灰色粉砂质泥岩夹硅质粉砂岩、岩屑长石砂岩、含碳质粉砂岩为主,相变为火山灰凝灰岩、酸性晶屑玻屑凝灰岩、沉凝灰岩、安山质凝灰角砾岩,夹灰岩透镜体

表 3-1(续)

系	统	组	代号	厚度/m	岩性
石炭系	下统	阿克沙克组	C_1a	783～4 041	上部以灰色块状灰岩为主,灰及深灰泥晶生物碎屑灰岩、珊瑚礁灰岩、凝灰质含生物碎屑灰岩、粗-巨粒含钙质长石砂岩次之,夹深灰、灰绿色岩屑晶屑凝灰岩、熔结凝灰岩、灰凝灰岩、玄武岩、安山岩、流纹岩及霏细岩;下部以灰色中厚层状灰岩、泥晶颗粒灰岩、钙质岩屑砂岩为主,绿色火山灰凝灰岩、紫红色安山岩、灰褐色英安岩次之,底部见砾岩
		大哈拉军山组	C_1d	3 031～8 440	上部见有深灰、灰褐、灰紫、灰绿色晶屑熔结凝灰岩、火山角砾凝灰岩、火山角砾岩、玄武岩、安山岩、流纹岩、霏细岩夹灰岩及钙质砂岩;下部见有紫红、灰绿、灰褐、深灰色晶屑凝灰岩、玻屑凝灰岩、晶屑玻屑熔结凝灰岩、火山角砾熔岩、杏仁状玄武岩、橄榄玄武岩、辉石安山岩、角砾英安岩、霏细岩夹含砾岩屑砂岩
		奇尔古斯套群第二亚群	C_1q^b	1 366	上部为灰褐色凝灰砂岩、凝灰角砾岩、碳质-泥质粉砂岩夹绢云母片岩;下部东段为玄武岩、玄武岩、辉石安山玢岩,西段为中基性熔岩、凝灰质粉砂岩
泥盆系	上统	托斯库尔他乌阻下亚组	D_3t^a	1 795.2	以灰及紫褐色块状砾岩、灰色块状砂砾岩、中层状砂岩夹凝灰质含砂粉砂岩、薄层状凝灰质含碳粉砂岩、流纹质细火山角砾岩为主
	中统	汗吉尔组	D_2h	671～3 022	以灰绿色及灰色泥质粉砂岩、石英岩屑砂岩夹含泥硅质岩、粉砂质泥岩、砂砾岩、玄武岩、火山角砾岩及沉凝灰岩为主
志留系	上统	博罗霍洛山组	S_3b	62.8～1 756.9	以灰紫及灰绿色钙质-泥质粉砂岩、细粒泥质钙质长石岩屑砂岩为主,夹含钙粉砂泥岩、含泥粉砂质灰岩
	下统	尼勒克河组上亚组	S_1n^b	150～3 852	以灰色及灰绿色绢云母泥岩、绢云母泥质板岩、变质泥质粉砂岩、深灰色钙质-泥质粉砂岩为主,夹浅灰色结晶灰岩及少量安山玢岩、流纹质凝灰岩
奥陶系	上统	呼独克达坂组	O_3h	381.6～2 316	以灰色、灰褐色厚层块状灰岩为主,局部夹少量中粒岩屑长石砂岩

表 3-1(续)

系	统	组	代号	厚度/m	岩性
寒武系	上统	果子沟组		25.0	以深灰色薄层灰岩为主,夹少量灰黑色、灰色泥质硅质岩及泥质粉砂岩条带或薄层
		将军沟组		27.7	灰绿色厚层砂岩夹少量灰岩,灰色及黑色薄层砂岩、粉砂岩、泥质硅质岩夹薄中层状灰岩
	中统	肯萨依组		16.4	以砂岩、粉砂岩夹灰岩、泥质-硅质岩夹薄层灰岩、结晶粉晶灰岩、生物碎屑微晶灰岩、磷块岩、含磷海绿石砂岩为主
	下统	磷矿沟组		37.2	以灰色、灰黑色、深灰色含磷粉砂岩夹泥页岩及粉砂质泥岩、粉砂质-硅质泥岩、泥质粉砂岩、泥质胶结含藻屑砂状磷块岩为主
震旦系		凯拉克提群		1 376.5	紫红色及灰绿色硅质-砂质泥岩、砂岩、粉砂岩、冰碛岩、冰碛纹泥岩、细晶灰岩,紫红色及灰绿色泥质粉砂岩、泥岩、砂岩、白云质灰岩、冰碛砾岩,夹磷块岩
青白口系		库什太群	Qn	1 780	浅变质海相镁、硅质碳酸盐岩夹碎屑岩,含丰富的叠层石及微古植物化石,灰岩、白云质灰岩、细粒大理岩、大理岩化灰岩、白云岩、硅质结核白云岩、条带状白云岩、硅质白云岩、团块白云岩、细粒白云岩、鲕状灰岩
蓟县系		喀瓦布拉克群	Jx	8 975	大理岩、白云质大理岩、白云岩、结晶片岩夹片麻岩、石英岩、变质砂岩、砂砾岩、细砾岩
长城系		星星峡群	Ch	5 819	星星峡地区下部为混合岩夹片麻岩、大理岩,上部为大理岩、白云质大理岩、片岩、混合岩;雅满苏地区主要为变质英安岩、霏细斑岩、凝灰砂岩、变粒岩、片岩、混合岩、斜长角闪岩;库米什地区为大理岩、片岩、石英岩、片麻岩、混合岩
下元古界		那拉提群	Pt1	5 000	以片麻岩、混合岩为主,夹有少量角闪片岩和大理岩,为一套中深变质岩系
上太古界		米兰群	Ar2	2 130	二长变粒岩、片麻岩、斜长角闪岩、紫苏辉石麻粒岩、角闪紫苏麻粒岩、二辉麻粒岩、条带混合岩、条纹状浅粒岩,原岩为中性火山岩,火山碎屑岩夹正常碎屑岩

3.3.2 甘肃段

（1）甘肃干线西段

甘肃干线西段管道工程沿线地层出露较为齐全，具有多种类型的沉积及火山岩浆构造，据沿线1：20万区域地质图和《甘肃省岩石地层》（中国地质大学出版社，1997），可划分为塔里木-南疆地层大区和华北地层大区。进一步又可分为4个二级地层、3个三级地层和3个四级地层（表3-2、表3-3）。

表 3-2 甘肃干线西段地区岩石地层综合区划表

一级地层单元	二级地层单元	三级地层单元	四级地层单元	分布地区
塔里木-南疆地层大区	中、南天山-北山地层区	中天山-北山地层分区	中天山-柳园地层小区	北山中部，红柳河车站—柳园
			红柳园地层小区	北山南部，音凹峡—桥湾
	塔里木地层区	塔南地层分区		瓜州—玉门镇—低窝铺
华北地层大区	秦祁昆地层区	祁连-北秦岭地层分区	北祁连地层小区	玉门—宽滩山—黑山—酒泉—张掖—大黄山—武威—长岭山—景泰，北祁连山区、河西走廊平原
	阿拉善地层区			金塔—合黎山—龙首山—金昌—民勤—腾格里沙漠

表 3-3 甘肃干线西段管道工程沿线地层简表

系	统代号	分布地段	厚度/m	主要岩性
第四系	全新统 Q_4	主要分布于河西走廊平原区	2～20	粉土、黏性土、砂砾卵石
	上更新统 Q_3		10～100	黄土、黄土状土、粉土、含砾黏性土、砂、砂砾卵石
	中更新统 Q_2		100～400	砂、砂砾卵石
	下更新统 Q_1		200～500	砂碎石、砾岩
新近系	上新统 N_2	主要分布在向阳红—大泉、宽滩山、长岭山、小红山等地	300	砂质泥岩夹砂岩、砾岩
	下新统 N_1		782	泥质砂岩、砾岩
古近系	E		935	砂岩夹砂砾岩、砾岩
白垩系	K	主要分布在宽滩山、长岭山、小红山、祁家店一带	2 277	粉砂质泥岩、粉砂岩夹砾岩、泥灰岩、砂岩、砾岩
侏罗系	J		196.3	页岩、砂岩、含砾砂岩
三叠系	T		141	页岩、砂岩、含砾砂岩、砾岩

表 3-3(续)

系	统代号	分布地段	厚度/m	主要岩性
二叠系	P	主要分布在红柳河、柳园镇—峡东站一带,在小红山、大黄山、长岭山、祁家店一带有零星分布	56~420	玄武岩、板岩、页岩、砂岩、砾岩
石炭系	C	小红山、大黄山、长岭山、祁家店一带均有零星分布	91~355	灰岩、千枚岩、板岩、大理岩、页岩、砂岩、泥质岩
泥盆系	D	主要在长岭山的臭井子一带、小红山的小豁口一带出露	2 496	灰岩、砂岩、砾岩、砂砾岩
志留系	S	在红柳河一带有零星出露	305~109	石英片岩、石英砂岩夹砾岩
奥陶系	O	主要在小泉—柳园镇、红岩工区、黑山、长岭山一带	791	板岩、灰岩、玄武岩、千枚岩、砂岩、细碧岩、角斑岩
寒武系	∈	主要在大黄山、马鞍山一带,在照东站—大泉有零星分布	>2 303	页岩、石英岩、板岩、千枚岩、变质砂岩、硅质岩、灰岩
震旦系	Z	主要分布于桥湾一带,在红柳河站—大泉一带有零星分布	>800	冰碛岩、大理岩、片岩、板岩、砂岩
前震旦系	AnZ	主要分布于北山南部、石油河下游的宽滩山	257~391	片岩、片麻岩、石英岩

(2) 甘肃干线东段

甘肃干线东段管道工程沿线位于鄂尔多斯盆地西南缘,地域上属甘肃省陇东黄土高原南部,第四系广泛分布,前第四系主要出露白垩系。沿线地层主要分布有:第四纪全新世冲坡积层(Q_4^{al+dl})、第四纪晚更新世风成层(Q_3^{col})、第四纪中更新世风成层(Q_2^{col})、白垩系和尚铺组(K_1^h)。

该区段第四系地层发育,下更新统、中更新统、上更新统及全新统均有出露。

① 下更新统(Q_1)

零星出露于管道工程沿线的沟岸一带,塬区及塬侧梁峁地区厚度小于100 m,达溪河部分地段厚度可达 230 m。上部为棕红色黄土夹多层姜石层(即午城黄土),坚硬致密,裂隙不发育;下部为胶结砂砾石,砾石分选性差,胶结较好。

② 中更新统(Q_2)

离石黄土(Q_2^{col}):零星出露于管道工程沿线区各支沟沟脑(上游段)及黄土

塬边缘地带,下段岩性为橘红色黏土,致密坚硬,裂隙不发育,夹密集板状姜石层,厚 $80\sim110$ m;上段岩性为土黄色粉质黏土、黏土,夹 $9\sim10$ 层古土壤层,裂隙孔隙发育,厚 $60\sim90$ m。

冲洪积物(Q_2^{al-pl}):零星分布于黑河及汭河等河流Ⅳ级阶地上,厚度 $50\sim60$ m。上部为橘红色黄土状土夹古土壤;底部为 $3\sim5$ m 厚的半胶结圆砾,分选性差,磨圆度中等。

③ 上更新统(Q_3)

冲洪积物(Q_3^{al-pl}):零星分布于达溪河、黑河等河流Ⅲ级阶地上,厚度 30 m,上部为冲洪积黄土状土,底部为 $3\sim5$ m 的砂砾卵石。

马兰黄土(Q_3^{eol}):广泛覆盖于广大塬区、塬侧梁峁丘陵以及Ⅲ~Ⅳ级阶地,厚 $5\sim10$ m,岩性为粉土,具大孔隙,垂直节理发育。

④ 全新统(Q_4)

分布于管道工程沿线现代河床两侧Ⅰ、Ⅱ级阶地及漫滩内,为冲洪积成因。

上全新统冲洪积(Q_4^{1al-pl}):分布于河谷的Ⅱ级阶地,具二元结构,上部为粉质黏土;下部为砂砾卵石,厚度 $7\sim17$ m。

中全新统冲洪积(Q_4^{2al-pl}):分布于河谷及沟谷地区的Ⅰ级阶地上,岩性为冲洪积砂砾卵石,局部地区表层覆盖较薄的粉砂或粉质黏土,厚度 $4\sim7$ m,其中砂砾卵石厚度 $3\sim5$ m。

下全新统冲洪积(Q_4^{3al-pl}):分布于现代河床及两侧的河漫滩上,岩性为冲洪积砂砾卵石或砂土,厚度 $0.5\sim2$ m。

下全新统冲洪积(Q_4^{3al-h}):零星分布于泾河、达溪河、黑河部分支沟地段,岩性为灰黑色、灰绿色粉质砂土,厚度 $2\sim5$ m。

3.3.3 宁夏段

区域内地层以固原市原州区以东的牛首山-罗山东麓断裂为界,西北部属秦祁昆地层区祁连-北秦岭地层分区之宁夏南部地层小区,东部属晋冀鲁豫地层区华北西缘地层分区之桌子山-青龙山地层小区。

区域分布的地层有寒武系、奥陶系、志留系、泥盆系、石炭系、二叠系、三叠系、白垩系、古近系、新近系、第四系。前第四系主要分布于构造侵蚀低中山区,第四系分布于大部分线段。第四系可划分为更新统洪积层、冲积层、风积层,全新统洪积层、冲积层、风积层、湖积层等共 11 个成因类型。简述如下:

(1)下更新统冲积层(Q_p^{1al})

仅分布于营盘水北部,岩性为灰色砂砾石层,砾石大小不一,分选性差,砾石磨圆度差,呈棱角-次棱角状,成分复杂。

(2)下更新统冲洪积层(Q_p^{1apl})

仅分布于孟家湾腾格里沙漠南缘,呈硬壳状不整合覆于古近系、新近系之上,其上被风积沙所覆盖,岩性为灰色粗砾岩,钙质胶结,致密坚硬,砾岩成分多为砂岩、板岩和硅质岩,砾石分选性差,大小悬殊,多呈棱角状-次棱角状,厚度变化较大。

(3)中更新统冲洪积层(Q_p^{2apl})

分布长流水北侧,呈带状出露,其岩性为浅灰白色含砂卵砾石层夹含砾细砂、灰白色含细砾中-细砂层夹灰白色砂砾石层,砾石磨圆度差,分选性较差。

(4)上更新统冲洪积层(Q_p^{3apl})

分布于营盘水及南山台子前缘,为山前冲洪积沉积物,岩性为灰色砂砾石层、含砾黏质粉砂土层夹黄色含砾-细砂土,砾石大小不一,分选性差,磨圆度差,呈棱角-次棱角状,成分复杂。在线路甘塘—红卫车站,上部多为粉质黏土或粉土,表面多被全新统风积沙所覆盖。

(5)马兰组黄土(Q_m)

分布于黄土丘陵、清水河Ⅲ级阶地后缘及中卫南山台子,其岩性单一,多为浅黄、土黄色黄土及粉砂质黄土,结构疏松,垂直节理发育,具大孔隙特征,厚度几十米到百米不等。

(6)全新统冲积层(Q_h^{1al})

主要分布于中卫黄河冲积平原和清水河两岸阶地上,黄河冲积平原发育Ⅰ～Ⅲ级阶地,岩性上为粉质黏土、粉土,下为砂卵石层,厚几米到十几米不等。

(7)全新统洪积层(Q_h^{1pl})

分布于中卫南山台子山前洪积斜平原。岩性为砂砾石、卵砾石夹黏质砂土层,厚 10～30 m。

(8)全新统湖积层(Q_h^{1hl})

分布于冬至河水库附近,岩性为灰色粉质黏土、粉土。

(9)全新统冲洪积层(Q_h^{1apl})

分布于清水河、茹河、红河河谷阶地,岩性为砂砾石、黄褐色粉质黏土、粉土,清水河河谷阶地黄褐色粉质黏土、粉土具湿陷性。

(10)全新统冲积层(Q_h^{2al})

分布在现代河沟谷中,岩性为砂砾石、卵砾石夹黏质砂土层。

(11)全新统风积层(Q_h^{2eol})

分布于腾格里沙漠南缘及洪积台地之上,地貌上构成新月形、链状流动沙丘,岩性为土黄色细粉砂。

固原市管道沿线地层主要分布有:第四纪全新世洪积层(Q_4^{pl})砂砾石、含砾黏质砂土、黏质砂土,厚度 0～23 m;第四纪上更新世风积层(Q_3^{eol})粉砂质黄土,厚度大于 23 m；第四纪中更新世风积层（Q_2^{eol}）浅黄色黄土、褐黄色石质黄土，厚度小于 70 m；第四纪下更新世风积层（Q_1^{eol}）石质黄土，厚度小于 30 m；新近系中新统干河沟组（N_1^g）土红色砂质泥岩夹泥质粉砂岩，厚度小于 750 m。

3.4 地质构造

3.4.1 新疆段

新疆天山断裂构造非常发育，按构造性质可分为逆冲及推覆断裂、走滑断裂、韧性剪切断裂等，但主要的断裂构造自古生代至中、新生代，具有长期演化、多期活动的特点，在不同时期其构造性质变化比较大。

乌鲁木齐山前坳陷位于北天山北麓、准噶尔坳陷南缘，是在华力西褶皱基底上发育的大型中、新生代坳陷，出露地层有三叠系、侏罗系、白垩系、第三系和第四系。三叠纪时沉降最深处位于昌吉至米泉一带，侏罗纪时沉降最深处向西移至玛纳斯南面，第三纪时沉降最深处继续西移至沙湾、安集海一带，沉积厚达万米之巨，共见 5 次磨拉石建造。

中生代和第三纪地层，在山前形成三排平行排列的以背斜为主的褶皱群，背斜南翼缓、北翼陡，褶皱的北翼常有东西向的压性断裂伴生。北天山山体向准噶尔盆地呈叠瓦状逆冲。明显的构造不整合见于：下、中三叠统之间，下或中三叠统与下侏罗统之间，侏罗系和白垩系之间，白垩系和第三系之间，第三系和第四系之间，以断块差异性升降运动为主，自第三纪以来尤为强烈。

七角井注入压气站至哈密分输压气站段管道线路位于一级新构造单元新疆亚板块内，跨越了两个二级新构造单元，即准噶尔块体和天山块体，按构造单元划分属准噶尔-北天山褶皱区中吐鲁番-哈密山间坳陷，位于准噶尔-北天山褶皱系的南部，北与准噶尔优地槽褶皱带和准噶尔坳陷接壤，南以博罗科努-阿其克库都克超岩石圈断裂为界，西与俄罗斯准噶尔阿拉套相连，向东进入甘肃、内蒙古境内，是一个典型的华力西优地槽褶皱带。吐鲁番至哈密坳陷为北天山褶皱带东段山间构造断陷盆地，位于博格达、哈尔力克和觉洛塔格三山环抱之中，是在华力西期褶皱基底发展起来的东西向中、新生代坳陷，出露地层有三叠系、侏罗系、白垩系、第三系和第四系。沉降幅度北深南浅，沉积厚度 4 000～8 000 m，具有槽型封闭自流盆地特征。

其边界受区域大断裂控制，主要由两个次一级坳陷和一个断陷组成。其中，北部坳陷以早、中三叠世理石构成，组成的一些平缓短轴褶曲为主体；中部断陷以侏罗系、白垩系及第三系构成向北倾斜的单斜和挠曲构造为主体；南部坳陷中、新生界为一向北缓倾的单斜构造为主体。

以火焰山背斜隆起带为界形成的南、北两盆地,在火焰山以北的盆地中,由于新构造运动表现为差异性升降,一些断陷凹地持续下降,而山前地带缓慢抬升;在火焰山以南的盆地中,新构造运动继承了喜山期构造运动,表现为盆地整体缓慢下降。第四纪时期盆地为发源于山区的各河流及突发性洪水的最终汇聚地,发育形成了广阔的冲洪积平原和山前地带的冲洪积扇和洪积堆。

准噶尔块体的边缘地带也是强烈构造变形的地带,如准噶尔块体东北边界的 NNW 向活动构造带、阿拉善块体东南侧的 NWW 向活动构造带等。这些构造带不仅断裂活动强烈,也是现今大地震的发生地带。

3.4.2　甘肃段

（1）甘肃干线西段

甘肃干线西段管道工程沿线跨塔里木板块和华北板块等三个一级构造单元,可进一步划分为公婆泉-洪果尔、敦煌-玉门、阿拉善、酒泉-武威-静宁和托莱山-西宁构造区等五个二级构造单元。其中,塔里木板块内主构造线呈近 EW 向展布,华北板块和中祁连-柴达木板块则以 NW-SE 向为主。各构造单元之间以深大断裂为界。大型断裂多为活动断裂,部分目前仍在活动。

① 断层:管道工程沿线发育有主要断裂 14 条。以 NW、NWW 向断裂为主,其次为 NE、NEE 向断裂,少量近 SN 向断层,主要的全新世活动性断裂有 8 条。

② 褶皱:主要发育于北山丘陵区等地。轴向不尽相同,形态各异。管线经过的褶皱构造主要有玉石山复式向斜、黑山向斜、绣花庙复背斜和新堡子向斜等。

（2）甘肃干线东段

甘肃干线东段管道工程沿线在区域大地构造上属于阿拉善-华北板块的次级单元鄂尔多斯地台的西南缘及祁吕-贺兰山字形构造体系的脊柱-贺兰褶皱带南端西侧与陇西旋卷构造体系六盘山旋回褶带的复合部位。受上述构造体系的控制,区域构造表现为:中部六盘山造山带,构造活动强烈,断裂褶皱发育;东部及西部构造活动相对平缓,以整体上升为主,构造形迹不发育。

管道工程沿线的断裂主要分布于中部,且多为隐伏断裂,具有断距小、破碎带出露少、断裂特征和性质不明等特点。管线主要穿越平凉-铜城大断裂、玉都断裂、汭河断裂,以及蔡坡向斜、汭内向斜等构造。

① 平凉-铜城大断裂

该断裂为压性断裂,走向 NW335°,北起宁夏境内的青龙山以北,在区内经过崆峒区,至灵台县龙门乡一带,全长 250 km。据物探资料,该断裂是一条非常明显的重力梯级带,断面西倾,倾角较陡,向东逆冲。

② 汭河断裂

该断裂东起泾川县城,沿汭河河谷穿越泾川县城关往东至陕西省长武县,走向近 EW,倾向 ES,倾角 15°。

③ 蔡坡向斜

该向斜位于灵台县城东南侧,南北宽约 9 km,翼部由下白垩统环河组组成,南翼产状 35°∠8°,北翼产状 190°∠11°。向斜核部由下白垩统罗汉洞组组成,轴向近 EW 展布。

④ 汭内向斜

该向斜位于灵台县西北,由下白垩统组成。宽 30 km,轴向 NW-SE 向展布,北东翼产状 220°~230°∠2°,西南翼产状 50°~60°∠5°。该向斜往南东延至什字镇一带消失,为一平缓开阔的向斜构造。

3.4.3 宁夏段

宁夏干线地处中国东、西部两个性质不同的构造地域衔接地带,地质构造相当复杂。沿线所经过的构造体系(带)主要有牛首山-固原断裂、云雾山-彭阳新生代隆断、香山褶断带、中卫-固原新生代坳陷带。

牛首山-罗山东麓断裂(龙首-六盘断裂的一部分)为一条近 SN 向大地构造分界线,断裂以西为祁连褶皱区,属青藏高原东北地震区西海固地震带,断裂以东为中朝准地台,属华北地震区。

祁连褶皱区位于甘宁弧形断裂束,构造应力以 NNE 向和近 SN 向水平挤压为主,活动断裂非常发育,多属左旋走滑逆冲断裂,出现过 1561—1748 年和 1920 年以来两个地震活跃期,震源区有:中卫-同心震源区沿中卫-同心断裂带展布,发生过 1709 年中卫南 7.5 级地震;固原震源区分布于清水河中上游,最大地震为 1622 年固原北 7 级地震。宁夏干线从西到东主要控制性断裂有 4 条,即罐罐岭活动断裂带(F1)、中卫-同心断裂(F2)、牛首山-罗山断裂(F4)和车道-阿色浪断裂(F5)。

3.5 水文地质条件

3.5.1 新疆段

管线沿线地下水类型主要为第四系松散岩类孔隙水及基岩裂隙水,水文地质条件变化较大。总的来说,沿线处于干旱半干旱地区,降水量小、蒸发量大是一个普遍特点。沿线的地下水补给主要靠高山地区的冰川、冰雪融水及暴雨洪流,地下水补给主要是河流出山口后沿山前冲洪积扇渗入地下对地下水进行侧向补给,沿线局部地区人类活动较为频繁,农业设施较多,人为引水对地下水的补给影响不能忽视,渠系渗漏、管道渗漏等都会对地下水构成补给。

　　沿线自西向东除一些人工渠外,没有常年性地表流动水体,仅洪水期在局部沟谷中有短暂性水流;个别地段有少量泉水溢出地表。

　　管线在距南湖水库东约 2.2 km 处通过,南湖水库位于哈密大南湖乡北部的戈壁滩中,库水面积约 5 km²,库容量 22 亿 m³,主要通过人工渠蓄存北部山区来水。

　　在哈密前段管道沿线大部分地段地下水埋深大于 4.0 m,主要类型为第四系孔隙潜水,含水层主要为冲洪积砂砾石层,由于距离中低山区相对较远,该段地下水的富水性相对较弱,水体流动性差,地下水补给条件亦较差,补给来源主要为大气降水和农田灌溉,当地居民主要利用坎儿井汇集地下水。前期勘察期间仅在盐沼地段和局部泉水地带揭露到地下水,埋深 0～4.5 m 不等。

　　在哈密后段,山势较低,多为剥蚀丘陵,降雨稀少,蒸发量大,地下水补给来源、径流、排泄条件较差,地下水主要受地质构造、地形地貌、气候及地层岩性的控制。在丘间洼地内赋存的松散岩类孔隙潜水,具有分布面积小、含水层岩性以砂砾石为主、补给来源是暂时性洪水、地下水多具间歇性、季节性和水量小等特点,水位埋深多在 1 m 左右,地下水富水性差,水量极为贫乏,矿化度也较高,多大于 20 g/L,水化学类型以 Cl-Na 或 Cl·SO₄-Na 型为主。

　　新生界碎屑岩类裂隙孔隙水含水层岩性主要为第三系中新统、上新统及砂岩、砾岩等;由于区内降雨量小、蒸发量大,自山麓向平原流动的河水入渗成为重要的补给源。地下水埋藏深度一般在 40～50 m,单泉流量一般大于 1 L/s,降深 1 m 时单井涌水量大于 20 m³/d,渗透系数为 5.19 m/d。水化学类型为 SO₄-Ca·Na 型。区内因气候干燥,降水极少,蒸发强烈,地表水稀少,地下水补给来源很不充分,含水层的富水性较差,断层导水性弱甚至隔水。

　　基岩裂隙水赋存于华力西期侵入岩、古生界及以前变质岩系的风化裂隙和构造裂隙之中,接受大气降水补给、冰雪融水入渗为地下水的重要补给来源。裂隙水从高处向低处经过短途径流,于深切沟谷中以下降泉的形式进行排泄,山区河流及其河床冲积层构成了地下水的主要排泄通道。含水层富水性一般小于 1 L/s 左右,多在 0.1～1 L/s,水量极其贫乏。水化学类型为 SO₄·HCO₃-Na·Ca 型水,矿化度一般在 0.5 g/L 左右,在哈密以东为 5～15 g/L,矿化度较高。

3.5.2　甘肃段

　　甘肃段管道工程沿线自西向东,经过多个水文地质单元,水文地质条件变化较大,总的来说,管道工程沿线内山区地下水的补给主要依靠大气降水和冰雪融水,平原区和戈壁、沙漠区地下水的补给源主要是河流或暴雨洪流的入渗补给。局部地段人类活动较为强烈,工农业设施较多,灌溉入渗、渠系渗漏、管道渗漏等为主要的地下水人工补给。地下水的径流方向与地形、地表水流向基本一致。地下水的排泄方式主要是地下水径流、人工开采、潜水蒸发、植物蒸腾等。根据区域水文地质条件,该管道工程沿线可分为河西走廊水文地质区和黄土高原水文地质区。

(1) 河西走廊水文地质区

河西走廊水文地质区又可分为北山-阿尔善亚区和走廊平原亚区。

① 北山-阿尔善亚区

北部低山丘陵区已呈准平原化,属荒漠化剥蚀低山丘陵。按含水层介质可分为基岩裂隙水和松散岩类孔隙水两类。基岩裂隙水赋存于基岩构造裂隙与风化裂隙内,10 m以浅为裂隙相对发育层段,含水层富水性贫乏至极贫乏,单井涌水量一般小于100 m³/d,水位埋深一般大于3 m。松散岩类孔隙水分布于山间盆地中,水位埋深3～10 m,大泉盆地汇水洼地水位埋深0.5～3 m,由于地下水补给来源贫乏,多数地段含水层富水性差,单井涌水量一般小于100 m³/d,个别地段含水层富水性中等,单井涌水量可达1 000 m³/d,矿化度为1～10 g/L。相对而言,该区地下水补给来源贫乏且水质较差,除大泉、小泉等几处(咸水-微咸水)地下水露头外,其余大部分地段基本无泉水分布。

甘肃段管道工程在松散岩类裂隙水水文地质单元区,受地下水影响的区段较多,由于地下水埋深较浅,使输气管道长期或季节性位于地下水位以下,地下水将直接或间接对管道工程产生不同程度的影响;部分高矿化度的盐渍土地段,赋存有高矿化度地下水,具有一定腐蚀性,需注意对管道进行防腐处理。

② 走廊平原亚区

走廊平原区是地下水最丰富的区域,特别是一些大型盆地内,含水层厚达100～500 m。地下水主要来源于出山河水以及渠系、田间水的入渗补给,总体上自南北两侧山前向腹部,山前地带地下水水力坡度为5‰～10‰,而细土平原区地势平缓处地下水水力坡度减为2‰～3‰。自南北两侧山前至走廊腹地基本可分为砾质平原区潜水-含水岩组和细土平原区潜水-承压水含水岩组两类。砾质平原区含水层岩性以砂砾石、砂砾卵石为主,为单一大厚度含水岩组;细土平原区含水层岩性为砂砾石、砂及土层互层状,属多层结构含水岩组。受大断裂及沿断裂所产生的断块分异,又进一步被分割为许多规模不等的含水盆地,管线所穿越的主要有瓜州-敦煌、玉门-踏实、赤金、酒泉西、酒泉东、张掖、山丹-丰城堡、永昌-武威和大靖-海子滩等盆地。

(2) 黄土高原水文地质区

甘肃干线东段管道工程沿线经过陇东黄土高原亚区,主要含水层为第四系中更新统黄土和下白垩系志丹群砂岩。中更新统黄土含水层主要分布在面积较大的塬区,含水层厚 10~70 m,单井涌水量 100~400 m³/d,矿化度小于 1 g/L,水质良好,其补给来源主要为大气降水,以泉水溢出的方式排泄于塬边沟谷,也有人工开采。下白垩系构成的向斜构造内发育有含承压水,自上而下富水性由弱变强,单井涌水量 100~2 200 m³/d,水质由好变差,矿化度为 1~10 g/L。

区域地表水主要以河流水系为主,其次为降雨形成的地表径流。根据水文地质调查及勘察成果,该区域地下水主要为第四系松散层孔隙潜水,补给方式主要为大气降水通过包气带水分非饱和运移连续补给地下水,排泄方式主要为大气蒸发及侧向径流。

3.5.3　宁夏段

根据地貌、地质构造等将新气管道工程所经地区可划分以下几个水文地质单元(区):

(1)腾格里沙漠南缘水文地质区

该区段位于沙坡头区碗泉站南 CSP031—红卫站 CSP039 段,上部为透水零星含水的风积沙层和洪积层,厚数米至几十米,水位埋深大于 25.8 m,下伏基岩地下水资源贫乏。

(2)基岩裂隙水水文地质区

该区段为侵蚀低中山区、沙坡头区黄河 CSP063—常乐镇下河沿 CSP074 段,主要由石炭系页岩、砂岩互层,并在其上部含煤层,中等风化,裂隙较发育,山体多不含水,沟谷地下水位埋深大于 4 m。在马场附近发育有泉眼,有上升泉、下降泉,出水量 1.08~21.3 m³/h。

原州区开城镇三十里铺北 CYZ042—彭阳县古城乡西岔湾东 CPY006 段山体主要由乃家河组、马东山组、李洼峡组地层组成,含水层为山体表层的风化裂隙带,单井涌水量一般小于 100 m³/d,溶解性总固体一般小于 1.01 g/L,径流模数小于 50 m³/(d·km²)。

(3)山前冲洪积斜平原水文地质区

在沙坡头区常乐镇下河沿之南 CSP074—中宁县大战场乡沟门 CZN002 段,为香山北麓山前冲洪积倾斜平原(称南山台子)。其前缘陡坎高达 20~100 m,上部为 100 m 左右的第四系松散物,由砂、碎土、砾石、块石组成,间夹黏砂土,下伏基底为第三系泥岩。水位埋深达 60~90 m,目前为扬黄灌区,由于其地下水溶滤了大量盐分,径流补给其前缘冲积平原地下水,致使冲积平原土壤盐渍化有加重之势。

(4)河谷平原水文地质区

该区段分布在中宁县、同心县、海原县、固原市的清水河、彭阳县的茹河和红河河谷平原。清水河河谷平原主要埋藏有三个含水岩组,含水层为砂砾石,第一含水岩组以潜水为主,局部微承压;第二、三含水岩组为承压水。第一含水岩组在平原区大部分地区都有分布,两层承压水的分布范围受古清水河床规模大小和形状所控制,在南部和中部分布范围广,黑城以北含水层东部边界向西逐渐收拢。三个含水层沿河谷平原区以冲积物为主的地段,含水层厚度大,单井涌水量大于 $100 \sim 1\,000$ m³/d,往两侧山边过渡,含水层厚度变薄,单井涌水量大于 $1\,000$ m³/d。

茹河河谷平原发育Ⅱ级阶地,具二元结构,上部为黏砂土、砂黏土,下部为砂砾石,总厚度 $25 \sim 55$ m,含水层为下部砂砾石,厚度 $7 \sim 35$ m,单井涌水量大于 $1\,000$ m³/d,溶解性总固体小于 1.01 g/L。调查期间水位埋深 10.39 m。

红河河谷平原发育Ⅱ级阶地,具二元结构,上部为黏砂土、砂黏土,下部为砂砾石,总厚度 $25 \sim 54$ m,含水层为下部砂砾石,厚度 $7 \sim 17$ m,单井涌水量 $100 \sim 1\,000$ m³/d,溶解性总固体小于 1.01 g/L。调查期间水位埋深 $25.75 \sim 46$ m。

(5)宁南黄土丘陵水文地质区

该区段地下水主要分布在南部黄土丘陵区的梁间洼地、沟脑掌形地、沟侧黄土坪、缓坡及黄土梁的鞍部等地势相对低洼地段的黄土裂隙、孔隙介质中,为潜水,呈不连续的块状分布,其补给、排泄与径流自成独立的循环系统。单块面积的大小受降水量、地形坡度等因素控制。一般而言,降水量大、地形坡度小的地段含水层分布面积大;反之,则较小。地形切割强烈地段,地下水在黄土与古近系、新近系红层接触面溢出,常形成下降泉,在后河附近泉水埋深 4.5 m。

潜水位一般稍高于近代冲沟沟床、洼地周边和沟侧台地后缘,含水层薄,水位埋藏较深。洼地中心和沟侧台地中部,水位埋藏较浅,含水层较厚,含水层厚度一般小于 5 m,水位埋深一般小于 30 m,溶解性总固体一般为 1 g/L 左右。

3.6　地震

新疆干线管道工程处于亚欧地震带的天山地震带,地震活动频度高、强度大、震源浅,新疆的强震主要沿南天山和北天山地震带发生,特别是南天山的乌升地区,更是全球大陆强震高发区,地震类型以挤压逆冲为特征,反映天山山脉向塔里木和准噶尔盆地的双向逆冲作用。

北、中天山地震地区西段强震活跃,多次发生 7 级以上地震。新疆 6 级以上地震与活动断裂分布如图 3-3 所示。

图 3-3　新疆 6 级以上地震与活动断裂分布图

3.7　本章小结

本章介绍了研究区的自然地理概况、地形地貌、地层岩性、地质构造、水文地质条件等内容。

新疆气候干旱,蒸发强烈,降水稀少。地貌特征主要是新疆干线管道工程木垒县的天山北麓山前冲积平原,还有七城子至七角井的东天山山区深谷地貌,以及哈密段的山前冲积平原与盆地戈壁地貌段。地层岩性特征主要指分布于线路伊宁至精河段、木垒七城子至哈密七角井东天山段、哈密山区段的第四系基岩地层,而第四系主要位于天山北麓乌苏至木垒段、东天山南麓哈密南部段。新疆段水源补给来源较少,形成了包含有 Cl-Na 或 Cl·SO$_4$-Na 型、SO$_4$-Ca·Na 型以

及 $SO_4 \cdot HCO_3\text{-}Na \cdot Ca$ 型矿化度的水。

甘肃降水西部少、东部多,年内分布不均匀。沿线地貌主要有冲洪积平原、构造剥蚀丘陵、风积沙地等。甘肃干线西段管道工程沿线跨塔里木板块和华北板块等三个一级构造单元,甘肃干线东段管道工程沿线在区域大地构造上属于阿拉善-华北板块的次级单元鄂尔多斯地台的西南缘及祁吕-贺兰山字形构造体系的脊柱-贺兰褶皱带南端西侧与陇西旋卷构造体系六盘山旋回褶带的复合部位。甘肃段管道工程沿线自西向东,经过多个水文地质单元,水文地质条件变化较大。总的来说,管道工程沿线内山区地下水的补给主要依靠大气降水和冰雪融水,平原区和戈壁区、沙漠区地下水的补给源主要是河流或暴雨洪流的入渗补给。

宁夏属于干旱半干旱大陆性季风气候,风大沙多,干旱少雨,蒸发强烈。沿线地貌有黄土梁、山前洪积平原等。宁夏干线地处中国东、西部两个性质不同的构造地域衔接地带,地质构造相当复杂。沿线所经过的构造体系(带)主要有牛首山-固原断裂、云雾山-彭阳新生代隆断、香山褶断带、中卫-固原新生代坳陷带。沿线可划分为基岩裂隙水文地质区、山前冲洪积斜平原水文地质区、腾格里沙漠南缘水文地质区、河谷平原水文地质区等几个水文地质单元。

第 4 章 研究区地质灾害评价及防治

新疆煤制气管道新疆段穿越东天山及其北麓和南麓地带的戈壁区、沙漠荒漠区、农牧区、人类工程活动区等,地形地貌类型复杂,地质构造活动强烈,地层岩性复杂多变。长距离的管道建设难免途经各种地质灾害高发区域,查明管道沿线地质灾害的类型、规模和发育规律,预测评估各类地质灾害对管道建设及运行期间威胁程度,根据地质灾害的类型、特征及威胁程度提出有针对性的治理措施,是确保管道工程顺利建设的前提和基础。

4.1 管道沿线地质灾害调查

4.1.1 崩塌地质灾害

崩塌是新疆煤制气管道新疆段最常见的地质灾害类型,也是对管道工程影响最多、最广的地质灾害类型。从已有的地质资料分析,崩塌主要分布于七城子至七角井中低山区段和哈密南部地段。对管道沿线崩塌地质灾害进行逐一调查,以评估崩塌对管道工程建设的影响。调查发现,编号分别为 XJG2502、XJG2505 和 XJG2509 三处崩塌地质灾害达到了中等危险性级别。

(1) XJG2502 崩塌

如图 4-1、图 4-2 所示,该崩塌位于木垒县大石头乡七城子村东(43°33′58.9″N、91°08′41.4″E),管线前进方向左侧 55 m。该区域属于中低山地貌,坡体顶部植被不发育,基岩裸露;下部植被较发育,多为牧草。斜坡坡向 275°,坡度约 35°。崩塌平面形态呈槽状,坡面凹凸不平,局部见凸出的孤石。岩性以安山岩为主,节理裂隙发育,物理风化作用强烈,岩体较破碎。节理长 1.5～2 m,间距约 0.4 m,节理面较平直光滑,无充填。受节理裂隙控制,岩体表部呈碎块状,有零星崩落和掉块现象,以局部的岩块错落、崩落为主要变形破坏方式,稳定性较差。崩塌体长 50 m、宽 120 m,平均厚约 4.5 m,规模 9 000 m³,为小型崩塌,崩落物堆积于斜坡坡脚处,堆积体较厚,块石最远崩落距离约 30 m,最大可见崩落块石粒径约 2.0 m×3.0 m×4.2 m。该崩塌主要潜在威胁管线 AML064+0～350 m 段的管线施工。

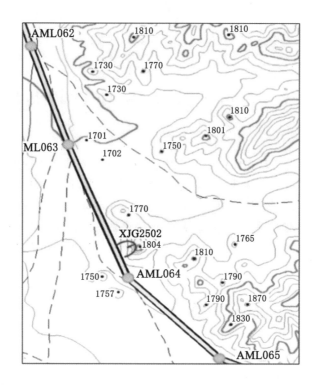

图 4-1　XJG2502 崩塌与管线位置关系

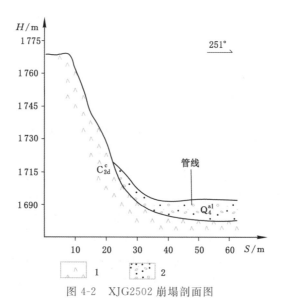

图 4-2　XJG2502 崩塌剖面图

（2）XJG2505 崩塌

如图 4-3、图 4-4 所示，该崩塌位于哈密市七角井镇东天山南麓低山区
（43°32′39.3″N、91°20′26.3″E），管线前进方向左侧 110 m。该区属中低山地
貌，植被不发育，基岩裸露，斜坡坡向 214°，坡度 35°~42°，坡面凹凸不平，局
部见凸出的孤石。岩性以砂岩、泥岩为主，局部夹石英岩脉和薄层灰岩，岩层
产状 356°∠69°，为碎屑岩顺向斜坡。节理裂隙发育，物理风化作用强烈，岩体
较破碎。主要发育三组节理裂隙，局部可见有石英岩脉充填。受节理裂隙控
制，岩体表部呈碎块状，有零星崩落和掉块现象，以局部的岩块错落、崩落为主
要变形破坏方式，稳定性较差，为小型崩塌，崩落物堆积于斜坡坡面及坡脚处，
堆积体平面形态呈扇形，堆积体较厚，最远崩落距离到达沟谷对岸坡上，最大
可见崩落块石砾径约 1.0 m×0.8 m×0.7 m。该崩塌主要潜在威胁管线
AHM001~AHM002 段的管线施工。

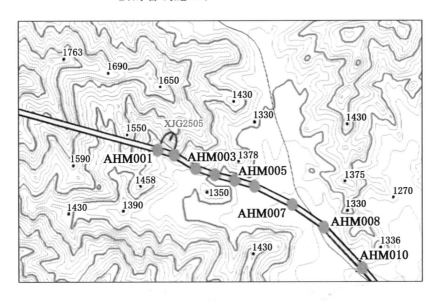

图 4-3　XJG2505 崩塌与管线位置关系

（3）XJG2509 崩塌

如图 4-5、图 4-6 所示，该崩塌位于哈密市星星峡镇低山区（41°53′14.9″N、
94°18′12.4″E），管线前进方向上方。该崩塌点属低山地貌，植被不发育，基岩裸
露，斜坡坡向 301°，坡度约 68°，为修建铁路人工开挖坡脚形成的人工陡坡，坡面
凹凸不平，局部可见凸出的孤石。岩性以安山岩为主。节理裂隙发育，物理风化

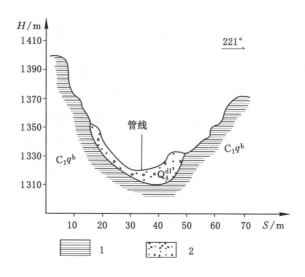

图 4-4　XJG2505 崩塌剖面图

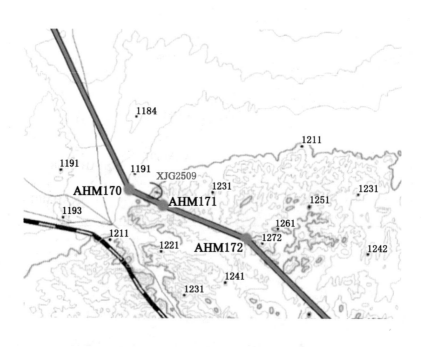

图 4-5　XJG2509 崩塌与管线位置关系

作用强烈,岩体较破碎。主要发育两组节理裂隙,节理面较平直光滑,无充填。受节理裂隙控制及人工工程活动影响,崩塌体以局部的岩块坠落、崩落为主要变形破坏方式,稳定性较差。崩塌体长 35 m、宽 80 m,平均厚度约 4.5 m,规模 4 200 m³,为小型崩塌,崩落物堆积于斜坡坡脚处,堆积体较厚,崩塌体可见最大块径约0.6 m×0.3 m×0.2 m。该崩塌的形成主要与地形地貌、水动力条件、地质构造和人类工程活动有关。主要潜在威胁管线 AHM170+150~300 m 段的施工。

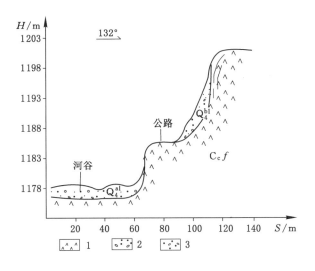

图 4-6 XJG2509 崩塌剖面图

其余 31 处崩塌调查列入表 4-1 中。

表 4-1 管道沿线崩塌地质灾害调查表

| 序号 | 编号 | 规模 | 形态特征 | | | | 变形迹象 | 是否稳定 | 危险性 |
			长/m	宽/m	平均厚/m	体量/m³			
1	XJG2501	小型	120	75	2	6 000	山坡顶部有石块坠落	是	小
2	XJG2502	小型	50	120	4.5	9 000	山坡中上部石块坠落或剥落,局部开裂	否	中
3	XJG2503	中型	105	200	2.5	17 万	山坡中上部有石块坠落或剥落,局部开裂,可见风蚀球状凹穴	否	小

表 4-1(续)

序号	编号	规模	形态特征				变形迹象	是否稳定	危险性
			长/m	宽/m	平均厚/m	体量/m³			
4	XJG2504	小型	52	40	2.3	1 595	山坡中部有石块剥落	否	小
5	XJG2505	小型	81	30	2.8	2 268	山坡中上部有石块坠落	否	中
6	XJG2506	小型	58	75	2.5	3 625	山坡中上部有石块坠落或剥落,局部开裂,可见风蚀球状凹穴	否	小
7	XJG2507	小型	46	50	2.3	1 763	山坡中上部有石块剥落	否	小
8	XJG2508	小型	25	35	2.0	583	山坡顶部有石块坠落	否	小
9	XJG2509	小型	35	80	4.5	4 200	人工岩质开挖,坚硬碎石块堆积	否	中
10	XJG2510	小型	23	30	2.6	598	山坡有石块坠落或剥落,局部开裂	否	小
11	XJG2511	小型	31	16	2.2	364	山坡中上部有石块剥落	否	小
12	XJG2512	小型	72	70	2.5	4 200	山坡中部有石块剥落	否	小
13	XJG2513	小型	45	30	2.2	990	山坡中部有石块剥落	否	小
14	XJG2514	小型	115	95	2.4	8 740	山坡中上部有石块剥落	否	小
15	XJG2515	小型	62	65	2.0	2 687	山坡中上部有石块剥落	否	小
16	XJG2516	小型	102	56	2.3	4 379	山坡中部有石块剥落或坠落	否	小
17	XJG2517	小型	68	50	2.4	2 720	山坡顶部有石块剥落	否	小
18	XJG2518	小型	154	60	2.3	7 084	山坡中下部有石块剥落	否	小
19	XJG2519	小型	60	80	2.2	3 520	山坡中部有石块剥落或坠落	否	小
20	XJG2520	小型	85	100	2.1	5 950	山坡中上部有石块剥落或坠落	否	小
21	XJG2521	小型	128	43	2.2	4 036	山坡顶部有石块坠落	否	小
22	XJG2522	中型	150	200	1.7	17 000	山坡中上部有石块剥落或坠落	否	小
23	XJG2523	小型	52	62	2.0	2 149	山坡中部有石块剥落	否	小
24	XJG2524	小型	80	19	2.1	1 064	山坡上部有石块坠落	否	小
25	XJG2525	小型	66	56	2.4	2 957	山坡中部有石块坠落	否	小
26	XJG2526	小型	82	80	2.2	4 811	山坡上部有石块剥落或坠落	否	小
27	XJG2527	中型	230	300	2.2	50 600	山坡中下部有石块剥落	否	小
28	XJG2528	小型	100	90	2.8	8 400	山坡顶部有石块剥落	否	小
29	XJG2530	中型	150	160	1.6	12 800	山坡顶部有石块剥落	否	小
30	XJG2531	小型	35	80	4.2	3 920	山坡顶部有石块崩落,坡体有局部开裂	否	小

表 4-1(续)

序号	编号	规模	形态特征				变形迹象	是否稳定	危险性
			长/m	宽/m	平均厚/m	体量/m³			
31	XJG2533	小型	60	40	1.8	1 440	山坡顶部有石块崩落	否	小
32	XJG2535	小型	40	110	2.2	3 227	山坡顶部有石块坠落或者滚落	否	小
33	XJG2536	小型	212	80	2.3	13 003	山坡顶部有石块崩落	否	小
34	XJG2540	小型	128	85	1.9	6 891	山坡中上部有石块崩落	否	小

据表 4-1 可知，地质灾害危险性中等的 3 处，危险性小的 31 处。崩塌主要分布于七城子至七角井中低山区段，另外在哈密南部地段有零星分布。多数为小型崩塌，少数为中型崩塌，无大型崩塌。基岩崩塌为主，少数为半胶结泥岩崩塌。崩塌体发育与地层岩性地质构造等密切相关，崩塌发育区域地质构造发育，山体相对高大陡峻，表层风化剥蚀强烈，岩体节理裂隙发育，软、硬岩体相间出露，多数为不稳定状态，少数为基本稳定状态。

位于管道侧上方的崩塌体，落石和坠石直接威胁到管道工程的施工与运营，属于地质灾害危险性大的崩塌体；拟建管道工程施工期间，需要爆破、开挖边坡，从而破坏原有的山体，造成岩石破碎，岩体完整性变差，形成新的边坡，同时破坏原有崩塌斜坡的稳定性、加大原有崩塌的危害范围和规模，将进一步诱发或加剧崩塌灾害。距离管道工程较近的崩塌体，施工期间会对管道产生一定程度的影响，也具有诱发或加剧崩塌灾害发生的可能性，属于地质灾害危险性中等的崩塌体。部分相对距离较远的崩塌体，可以避让管道施工，威胁较小，基本不具备诱发或加剧崩塌灾害发生的可能性，属于地质灾害危险性小的崩塌体。

经过评估预测，XJG2502、XJG2505 和 XJG2509 三处崩塌体(图 4-7～图 4-9)属于中等危险性，诱发或加剧地质灾害的可能性也是中等。其余 31 处崩塌，施工运行期间遭遇地质灾害的危险性小，一般不会诱发或加剧地质灾害。

4.1.2　泥石流地质灾害

管道沿线泥石流灾害是相对较多的地质灾害类型，也是对管道工程影响相对较严重的地质灾害类型。泥石流的发灾和影响与降雨等气象因素密切相关，也与人类工程活动相关。地质调查表明，泥石流地质灾害主要分布于七城子至七角井中低山区段，均为小型泥石流，见表 4-2。

图 4-7　XJG2502 崩塌

图 4-8　XJG2505 崩塌

图 4-9　XJG2509 崩塌

表 4-2　管道沿线泥石流地质灾害调查

点号	流域面积(km²)/松散物储量(m³)	易发性	危害对象	变形迹象	位置
G3529	0.86/0.6×10⁴	低	管线 AML047＋300～500 m 段	沟口堆积扇下切	流通区上游
G3539	5.06/4.3×10⁴	低	管线 AML050＋100～250 m 段	沟口堆积扇下切	堆积区中游
G3532	3.58/2.32×10⁴	低	管线 AML050＋100～250 m 段	沟口堆积扇下切	堆积区中游
G3534	1.79/0.72×10⁴	低	管线 AML053＋550～650 m 段	沟口堆积扇淤高	堆积区前端
G3537	0.13/40	低	管线 AML065＋10～150 m 段	沟口堆积扇淤高	堆积区前端
G3538	0.78/310	中	管线 AML065＋700～850 m 段	沟口堆积扇淤高	堆积区中上游
G3541	0.133/110	中	管线 AML066＋350～550 m 段	沟口堆积扇淤高	堆积区中上游
G3542	0.48/440	中	管线 AML068＋10～350 m 段	沟口堆积扇淤高	堆积区中上游
G3543	2.38/1.9×10⁴	中	管线 AML070＋250～500 m 段	沟口堆积扇下切	堆积区前端
G3544	0.26/0.024×10⁴	中	管线 AML072＋600～950 m 段	沟口堆积扇淤高	堆积区前端

据表 4-2 可知,七城子至七角井段 10 处泥石流均为低易发性泥石流,地质灾害危险性小。上述泥石流灾害区域属于中低山区段,冲沟发育、山体坡度较大,岩体表层节理、裂隙发育、松散物源丰富,一旦发生泥石流,将对管道工程产生影响。

10 处泥石流本身灾害危险性较小,管道工程多数是在泥石流堆积扇区或流通区通过,在扇区开挖将影响泥石流灾害的发生,因此管道施工存在加剧泥石流灾害的可能性。需要特别指出的是,极端天气条件会造成局部特大暴雨发生,将诱发其他沟谷发生洪水或泥石流灾害,管道施工建设与运营中应予以重视。

4.1.3　其他地质灾害

通过调查,管道沿线附近基本上不存在滑坡、地面塌陷、地裂缝、地面沉降等地质灾害,工程建设遭受上述几种地质灾害威胁的可能性极小。但是调查发现,管道沿线仍有以下地质灾害存在:

(1) 河流侵蚀塌岸

管道工程穿越大量的河流(图 4-10),河道侵蚀造成河岸坍塌,并逐渐改变河道形态。管道穿越河流地带必须做好河岸护坡治理工程和河谷下切侵蚀防治工程,以确保管道长期安全运营。根据河流的具体情况采取相应的治理方案,比如进行浆砌石护坡、钢筋笼填石护坡、混凝土护坡、钢筋网石护底、混凝土护底、截潜坝护底等措施。管道工程穿越河流段,可采用浆砌石护坡、钢筋网石护底和下游截潜坝护底措施。

图 4-10　管道穿越河流

(2) 站场和阀室冲蚀灾害

管道工程的部分站场、阀室设计在天然开阔河谷或山区宽谷地带的河谷或河滩地中,地面工程及其伴行路应做好防洪设计,以保证管道工程在特殊天气条件下稳定运营和检查、检修通行。2012 年 6 月 4 日 15 时至 18 时,新疆库尔勒地区降水量达 75.8 mm,均突破日降水量历史极值 27.5 mm,为年平均降水量 59.2 mm 的 1.2 倍。应根据新疆气象条件,适当提高相应站场、阀室的地基标高和伴行路标高,提高防洪设计标准。如七城子阀室就位于山区天然河谷平坦谷底,如图 4-11 所示。

图 4-11　七城子阀室

（3）边坡垮塌灾害

管道工程很多需要在斜坡地带开挖敷设,部分斜坡需要实施边坡防护工程,防止发生斜坡垮塌等现象,以保证工程正常运营,如图 4-12 所示。

图 4-12　哈密南部管道边坡防护工程

（4）风蚀沙埋灾害

管道工程少数地段在沙漠区穿越,发育地段有哈密南部沙漠段 AHM111～AHM133（图 4-13）等区段,多数为固定沙丘区、半固定沙丘区、半固定草丛沙丘区和平铺沙地等。风蚀沙埋作用对管道工程有不同程度的影响,建议在风蚀沙埋作用较强烈的地段采取防沙固沙措施。

图 4-13　哈密南部沙漠

拟建管道工程采用浅埋的形式,主要进行植被剔除、地表开挖、管道填埋和弃土回填等活动,此外还要进行施工便道的挖高垫低、跨越河道的挖掘、大量弃渣弃土的堆放、管道和设备及辅助材料的运输和临时堆放等工程活动。随着工程建设的实施,人工开挖或爆破等可能引发的地质灾害将以斜坡变形破坏为主,表现为滑坡、崩塌、泥石流;其次因机械施工振动、抽排水、开挖加大地表水的入渗引发地裂缝或地面塌陷等。

4.2　地质灾害危险性综合评估

4.2.1　综合评估原则与量化指标

地质灾害危险性评估必须依据以下原则:注重地质环境条件分析与类比,从已知到未知,注重与工程特点和施工方法相结合;充分考虑地质灾害发育现状与未来发展趋势,充分考虑对本工程的危害和对周边邻区的危害,充分考虑周边人类工程活动对本工程的影响。

综合评估量化指标和分级如下:

S1:地质环境条件复杂程度(3 个等级,依次赋分:3、2、1,权重 $k_1 = 0.3$);

S2:地质灾害发育强度(3 个等级,依次赋分:3、2、1,权重 $k_2 = 0.4$);

S3:施工对地质环境的影响程度(3 个等级,依次赋分:3、2、1,权重 $k_3 = 0.2$);

S4:周边工程活动对管道的影响程度(3 个等级,依次赋分:3、2、1,权重 $k_4 = 0.1$)。

地质灾害综合评估量化指标权重及打分见表 4-3,地质灾害危险性综合评估分级见表4-4。

表4-3　地质灾害综合评估

序号	代号	评估项目	权重		分级打分		
			代号	值	一级	二级	三级
1	S1	地质环境条件复杂程度	k_1	0.3	3	2	1
2	S2	地质灾害发育强度	k_2	0.4	3	2	1
3	S3	施工对地质环境的影响程度	k_3	0.2	3	2	1
4	S4	周边工程活动对管道的影响程度	k_4	0.1	3	2	1

注：评估指数 $S = S1 \times k_1 + S2 \times k_2 + S3 \times k_3 + S4 \times k_4$。

表4-4　地质灾害危险性综合评估分级

危险性分级	确定原则
危险性大	直接威胁工程安全,具突发性,一旦灾害发生将损失严重;缓变性灾害,工程具不可弥补性或弥补耗资巨大
危险性中等	直接或间接威胁工程安全,直接者具缓变性,间接者具突发性,一旦灾害发生将损失较重;但缓变性可通过工程弥补,且弥补耗资不大
危险性小	没有灾害威胁或虽有灾害但威胁不大,不会造成工程损失

标准划分：危险性大 $S \geqslant 2.7$；危险性中等 $2.7 > S \geqslant 1.7$；危险性小 $S < 1.7$。

4.2.2　地质灾害危险性综合评估

按照综合评估原则与综合评估量化指标,对拟建管道工程及附属站场逐段进行综合分段评估。拟建管道线路地质灾害易发性分为11个区段,其中地质灾害高易发区段有2段,长51.65 km；地质灾害中易发区段2段,长73.59 km；地质灾害低易发区段7段,长417.76 km。根据地质灾害对拟建管道工程危害的大小进行危险性分级,分为危险性大、危险性中等、危险性小三级,全线无危险性大级别段。地质灾害危险性综合评估结果见表4-5。

(1) 地质灾害危险性中等区段(Ⅱ)

木垒县七城子至哈密七角井天山中低山区段,包括Ⅱ-1 木垒天山山区段(AML043～AML081)长度 34 126.12 m,Ⅱ-2 哈密市七角井天山山区段(AML081～AHM019)长度 17 527.46 m。地质灾害点 42 个,占新疆段地质灾害总量的 95.45%,属于工作区内地质灾害高易发区,是地质灾害严重的区段。

表 4-5　管道沿线分段地质灾害危险性综合评估

序号	代号	区段位置	起止桩号	地貌类型	工程地质和环境地质条件	易出现的地质灾害	危险性
1	Ⅲ-1	木垒县农牧区	AML000～AML043	平原	管线所经土地以农田为主,少部分为畜牧草场,表层地层主要为第四系冲积粉土,工程地质条件较好,地质灾害总体不发育	风蚀作用	小
2	Ⅱ-1	木垒天山山区	AML043～AML081	山区	管线从山谷中通过,谷内地质构造发育,岩体风化强烈,工程地质条件较差,地质灾害较发育	崩塌泥石流	中等
3	Ⅱ-2	哈密市七角井天山山区	AML081～AHM019	山区	管线从山谷中通过,谷内地质构造发育,岩体风化强烈,工程地质条件较差,地质灾害较发育	崩塌	中等
4	Ⅲ-2	哈密市七角井冲洪积平原	AHM019～AHM025	河谷盆地	山谷内堆积有较厚松散卵砾石堆积物质,工程地质条件一般,谷内汇水面积大,在冰雪融水或暴雨冲刷作用下该地段易遭冲蚀	风蚀作用盐渍化	小
5	Ⅲ-3	哈密市七角井重盐渍化段	AHM025～AHM027	河谷盆地	土壤可溶盐含量高,易产生膨和板结作用,易对管线造成破坏	风蚀作用	小
6	Ⅲ-4	哈密市红山口冲洪积扇	AHM027～AHM029	河谷盆地	管线所经土地多为荒漠草场,表层地层主要为第四系冲洪积粉土,工程地质条件较好,地质灾害总体不发育	风蚀作用	小

表 4-5(续)

序号	代号	区段位置	起止桩号	地貌类型	工程地质和环境地质条件	易出现的地质灾害	危险性
7	Ⅲ-5	哈密市红山口山区	AHM029～AHM043	低山	管线穿过山口,风化剥蚀强烈,地表覆盖有数米厚砾石堆积坡积物体.工程地质条件较好,地质灾害总体较不发育	风蚀作用	小
8	Ⅲ-6	哈密市十三间房-五堡砾石戈壁	AHM043～AHM106	戈壁	管线大致沿洪积扇纵向铺设,起伏较小,地形较开阔,工程地质条件较好,地质灾害总体较不发育	风蚀作用	小
9	Ⅲ-7	哈密市五堡桑树园砂质荒漠	AHM106～AHM118	沙漠	管线大致沿洪积扇边缘通过,沿途切割冲蚀沟谷,地形有一定起伏,局部起伏较大,局部冲蚀沟谷谷壁边坡较陡峭,易发生崩塌灾害,该段总体工程地质条件较好,地质灾害较不发育	风蚀作用	小
10	Ⅲ-8	哈密市桑树园-星星峡砾石戈壁	AHM118～AHM170	戈壁	地形起伏较大,基岩多出露,工程地质条件较好,地质灾害较不发育	风蚀作用	小
11	Ⅲ-9	哈密市星星峡山区	AHM170～BGZ001G-1	低山	基岩构造山区,构造发育密集,岩体风化较破碎,陡峭边坡地段易风蚀剥落产生崩塌类地质灾害,地质灾害现象较发育	崩塌	小

该段地质环境条件复杂,崩塌、泥石流多发,管道建设遭受、诱发及加剧地质灾害的危险性大,但是通过治理可以确保工程建设和运营安全,综合评估为地质灾害危险性中等区段。

（2）地质灾害危险性小区段（Ⅲ）

除木垒县七城子至哈密七角井天山中低山区段外,管道工程主要穿越的是冲洪积平原区、戈壁沙漠区、丘陵低山区等,属于地质灾害中低易发区,包括Ⅲ-1木垒哈萨克自治县平原区段（AYL000～AYL043）至Ⅲ-9哈密星星峡低山区段（AHM170～BGZ001G-1)共计 9 个评估区段,总长 491.35 km。这些地段地质灾害很少发生,属地质灾害低易发区段,局部有小范围、小规模的灾害存在。其主要工程地质和环境地质问题为边坡防护、河流冲蚀及侵蚀造成的塌岸或下切侵蚀、盐渍化造成的盐胀或溶蚀塌陷、风蚀作用造成的沙埋或吹蚀、管道工程和站场阀室及其附属设施的防洪、黄土分布区段湿陷性问题等。管道工程建设遭受或诱发及加剧地质灾害的危险性小,对各区段采取相应的措施处理工程地质和环境地质问题,可保证工程建设和运营安全,综合评估为地质灾害危险性小区段。

4.3　地质灾害防治措施

据管道沿线地质灾害评估结果,多数区段危险性小,少数为危险性中等区段。地质灾害影响管道施工、运行的可能性存在。在做好预防治理工作的前提下,沿线场地比较适宜工程建设。为确保管道施工和运行安全,针对管道沿线可能遇到的地质灾害类型,提出以下地质灾害防治措施和建议:

（1）根据地质灾害危险性评估结果,做出管道工程地质灾害防治总体规划,对危险性大的地质灾害单体或存在较严重工程、环境地质问题的区段进行勘察,根据勘察结果进行防治设计与施工。地质灾害防治遵循监测、治理、避让相结合的原则,对地质灾害区段划分防治级别,重点防治危险性大及中等的区段,危险性小的区段可做一般防治。

（2）管道沿线崩塌灾害多数为以小型崩塌,建议采取避让、工程治理、监测预警相结合的处理措施。在场地条件允许的区段,施工道路尽量避让崩塌灾害体,保障施工运营过程中免受崩塌威胁。部分地段无法避让崩塌灾害体,建议做好山体的坡面排水,山体上合理设置截水沟、急流槽,综合边沟防止降水入渗造成边坡失稳;危险性较大的崩塌发育地段,边坡主要采取清理危岩、削坡、修筑浆砌片石挡墙方式,或进行坡面坡脚柔性网拦挡等,稳定边坡,拦挡碎落,避免崩塌物质威胁管线及伴行施工道路;在部分风化面不大且坡度不陡的段落采用护坡,防止山体坡面进一步风化,形成更大规模的崩塌;在山体风化严重、岩石比较破碎的地方采用喷锚的方法,防止山体岩石的进一步风化,减轻岩石风化对管道沿线造成新的危害。建立崩塌监测系统,对危险性大的崩塌体,在施工期间应有专人进行监测预警工作,以确保施工人员安全。

（3）泥石流地质灾害治理以工程措施为主,排导汇水,修建过水泄洪道（导流槽）、加固防护堤,以减弱泥石流对管线的破坏作用;有潜在泥石流灾害发生的区域,禁止随意堆放弃石和渣土;现存的土石堆积场地,应设计堆填边坡,预留排水通道,防患于未然。

（4）河流冲蚀和坍岸地质灾害,应着重考虑洪水季节河流冲蚀能力增强带来的危害。管道沿线平原粉土或粉细砂分布区的陡坎及沟渠土体松散、黏粒含量低、胶结性差,因此对于管道沿线存在的地貌陡坎,尤其是由粉土或粉细砂组成的陡坎,必须加强防冲措施,进行护坡处理和谷底处理;管道宜在河流的穿越位置及其山下一定范围内,修建浆砌片石护岸保护工程和谷底防下切侵蚀工程,避免洪水直接冲刷开挖面和管道。

（5）管道沿线的风蚀与沙埋灾害应以防风、固沙为主,必要时可采取避让措施。在风蚀与沙埋严重的地段,采取防风栅栏等防护措施,建立恰当比例、适宜草种和灌木种的防风阻沙草木网。

（6）对管道施工可能诱发的滑坡灾害体,建议根据实际情况采取挡墙、坡面防护、抗滑桩等直接工程治理措施,以增强滑坡体的稳定性;在滑坡体上修建排水设施,避免降水渗入滑坡体,避免地下水对土体的软化作用和静水压力,提高滑坡体稳定性。

4.4 本章小结

（1）新疆煤制气管道新疆段穿越东天山及其北麓和南麓地带,地形地貌类型复杂,地质环境多变。从地质环境划分上看,木垒县至哈密中低山区段,地质环境复杂程度为复杂级,地质灾害发育;哈密西部-哈密东部山区段,地质环境复杂程度为中等级,地质灾害中等发育;木垒天山北麓冲积平原农牧区和冲洪积扇区段及哈密南部戈壁沙漠地段,地质环境复杂程度为简单级,地质灾害一般不发育。

（2）管道沿线地质灾害以崩塌、泥石流为主，灾害危险性小至中等，崩塌灾害是对管道工程影响最大的地质灾害类型，主要分布于七城子至七角井中低山区段。查明崩塌地质点 34 个，其中 3 个为中等危险性，31 个为小危险性；泥石流地质灾害点 10 个，均为小危险性灾害点。地质灾害主要分布在木垒县至哈密天山中低山区段，崩塌与泥石流灾害合计 42 个灾害点，占全线地质灾害点总数的 95.5%。

（3）管道沿线除崩塌、泥石流地质灾害以外，滑坡、河流侵蚀塌岸、站场和阀室防洪、边坡防护、风蚀沙埋等也是潜在的地质灾害，应引起足够的重视，以确保管道施工、运营安全。

（4）按照综合评估原则与综合评估量化指标，对拟建管道工程及附属站场逐段进行综合分段评估，共分为 11 个区段，其中地质灾害高易发区 2 段，长 51 km；中易发区段 2 段，长 73.59 km；低易发区段 7 段，长 417 km；站场和阀室地质灾害危险性小。木垒县至哈密天山中低山区段，包括 Ⅱ-1、Ⅱ-2，长度共计为 51 653 m，属于地质灾害高易发区，是地质灾害严重的区段。

（5）尽管已查明的地质灾害对管道影响不大，但是管道工程施工和开挖等会不同程度改变斜坡体结构，可能诱发或加剧滑坡、崩塌地质灾害；铺设在泥石流扇区或流通区的管道，应密切关注极端天气条件诱发的泥石流或洪水灾害。

（6）管道途经的地质灾害高发区、潜在发灾区，采取相应的工程措施可以保证管道工程施工和运营安全。建议根据地质灾害区段划分防治级别，遵循监测、治理、避让相结合的原则进行地质灾害防治。对于管道沿线高发的崩塌灾害尽量避让，无法避让的崩塌体进行坡面排水、清理危岩、削坡、修筑挡墙、设置柔性拦网等工程措施进行治理，对于轻度风化、坡度小的岩体设置护坡，严重风化、比较破碎的岩体建议喷锚处理。泥石流地质灾害治理以修建泄洪道、加固防护堤等措施为主，其他滑坡、河流冲蚀、风蚀与沙埋等潜在地质灾害也提出了相应的处理措施。

第5章　盐渍土分布特征研究

5.1　盐渍土分类及成因

盐渍土在新疆段分布较广泛,一般地表含盐量较高,与土层胶结成盐壳。根据盐渍土易溶盐阴离子在 100 g 土中所含毫摩尔数的比值为界限指标对盐渍土进行分类。Cl^-/SO_4^{2-} 的比例大于 2.5 称为氯盐渍土;2.5~1.5 的称为亚氯盐渍土;1.5~1 的称为亚硫酸盐渍土;小于 1 的称为硫酸盐渍土。$(CO_3^{2-}+HCO_3^-)/(Cl^-+SO_4^{2-})$ 大于 0.33 的称为碳酸(氢)盐渍土。

综合分析,总结盐渍土成因,并结合其地形地貌形态和分布将其分为气象条件、地形条件、水文地质条件、地层岩性、植被、人类活动的影响。

气象条件:由于新疆地区属大陆性气候,表现出干旱的气候特征,蒸发量大于降水量数十倍甚至更多,这就决定了土壤中上升水流占绝对优势,随着地下水体中含盐矿物不断聚积,矿化度增高,为地表积盐提供了物质条件。而在自然条件下,降水的淋滤作用和脱盐作用就显得十分微弱。由于各地降水差异明显,气温变化剧烈,反映到盐渍土的形成与分布上,各地积盐程度极不一致,盐渍土面积也存在明显的空间分异性。南疆气候干燥,降水稀少,蒸发强烈,属暖温带荒漠,土壤积盐快、强度大、分布广,并以典型盐土分布最广。

地形条件:地形条件是盐渍土产生的主要条件,盐渍土分布区所处地形多为低平地、内陆盆地、局部洼地以及沿海低地,这是由于盐分随地表、地下径流由高处向低处汇集,使洼地成为水盐汇集中心。新疆七城子至七角井东天山山区深谷地貌、七角井处的断陷盆地以及甘肃玉门至金塔段的山前冲积平原、古浪处的山前冲积平原、中卫至固原的山间平原、平凉沿线处的山间河谷处盐渍土的形成过程中,地形条件都是不可或缺的重要因素。

水文地质条件:水文地质条件是影响土壤盐渍化的重要因素。盐分的积聚,与地下水水位、矿化度和矿化类型有密切关系,地下水水位越高,蒸发越强,土壤的积盐也越快。同时,地下水矿化度越高,地下水向土壤输送的盐分越多,土壤的积盐也越重。新疆强烈蒸发的气候条件和地下水矿化度较高的水文地质条件是新疆土壤积盐严重的主要因素。南疆铁路经过的焉耆盆地为内陆山地盆地,盆地内有博斯腾湖,该湖面积较大,湖水水位较高,也抬高了湖水周围陆地的地下水水位。加之湖周陆地地势平坦,地表地下径流不畅,盐分缺乏出路,地下水的矿化度不断抬高,多方面的作用使焉耆盆地成为新疆盐渍化程度最重的地区之一。

地层岩性:盐渍土地段的地层岩性多为第四系松软地层,如砂类土和黏性土,大颗粒碎石类土不会产生盐渍化作用。一般来说,黏质土的毛细管孔隙细小,毛细管水上升高度受到抑制,砂质土的毛细管孔隙直径较大,地下水借毛细管引力上升的速度快但高度较小,这两种土均不易积盐。

植被:盐渍土地区植物生长条件差,只有喜盐植物及耐盐植物适合生长,它具有叶小、根深、多刺的特点。大量盐生植物加剧了土壤的盐渍化。新疆地区胡杨、芦苇等深根植物较多,在生长过程中的蒸腾作用消耗了大量地下水,相应加大了地下水的矿化度,间接加强了土的盐渍化。

人类活动的影响:人类活动导致了盐渍土地区环境条件的不断恶化,盐渍化程度不断加重。如不合理开垦土地而进行的土壤洗盐、农作物大量施用化肥、污水乱排导致下游地段土层含盐量及地下水矿化度的增高,或者不合理的灌溉引起局部地下水位上升,造成土壤表层含盐量增高。

5.2　管线分段地形地貌

5.2.1　管线新疆沿线地貌

新疆四山环绕,北有阿尔泰山,南有昆仑山,中部有天山横亘,形成"三山夹两盆"的地貌特点。新疆盐渍土分布区域的盐渍化程度及性质随着不同的积盐条件而各不相同。盐渍化程度普遍且程度高、积盐的速度快和盐分的表聚性强是新疆盐渍土的主要特点。根据笔者及课题组 2015 年 7 月历时一个月的野外调查,总行程 4 800 余千米,其间对新疆、甘肃管道沿线范围内以盐渍土为主的不同地形地貌进行了调查及取样工作,获得了大量野外地貌形态的图像,如新疆托克逊的风积沙地,植被覆盖少,盐壳胶结,如图 5-1 所示;也有山前冲积平原,地表有含碱量较高的白色盐分且有少许植被覆盖,如图 5-2所示。

图 5-1 托克逊风积沙地　　　　　图 5-2 鄯善冲积平原

把野外调查不同地貌用字母编号,新疆主要盐渍土地貌见表 5-1。

表 5-1 新疆几种典型盐渍土地形地貌

地形地貌分类		分布地点	形态特征
A	风积沙地	托克逊一带,长 10 km 左右	高差不大的台阶型平台或缓地
		四堡阀室至哈密分输压气站沿线,长 50 km 左右	
B	冲洪积平原	管线处库米什至鄯善段,长 30 km 左右	地形较平坦
C	山前洪积扇及砾质倾斜平原	木垒县的天山北麓山前,长 20 km 左右	南高北低,多已连成一片,形成洪积扇或洪积砾质倾斜平原
D	剥蚀缓丘及剥蚀残丘地貌	四堡阀室至哈密分输压气站沿线,长 70 km 左右	剥蚀残丘,地形一般起伏不大
E	剥蚀准平原及风蚀雅丹地貌	七角井注入压气站至哈密分输压气站线路沿线,长 80 km 左右	长条状垅岗高地及狭长的壕沟

5.2.2 管线甘肃沿线地貌

甘肃干线管道工程沿线盐渍土主要在甘肃西段河西走廊北侧的马鬃山、合黎山、龙首山南麓人烟较少的偏僻地带穿行,避开了经济条件较好的河西走廊南侧的西气东输、铁路公路、输电线路等线型工程走廊带,虽牺牲了较为便利的交通条件,却可开拓出宽广的新工程走廊。甘肃段不同地貌盐渍土主要分布在西段,如图 5-3 所示的山前冲积平原,地表有盐渍,土质潮湿,地表植被较多。

甘肃盐渍土几种典型地貌见表 5-2。

图 5-3　金塔冲洪积平原

表 5-2　甘肃盐渍土几种典型地形地貌

	地形地貌分类		分布地点	形态特征
甘肃干线西段	F	构造剥蚀低山丘陵	北山的红柳河至柳园镇一带的低山丘陵	坡体较为平缓,大多呈"馒头"状
	G	构造剥蚀中低山	金塔至高台一带合黎山南部,山丹至永昌河西堡一带龙首山区	剥蚀强烈,部分地段为波状地形
	H	洪积倾斜平原	北山地区红柳河至柳园山间盆地,瓜州以北柳园至玉门戈壁带	地形开阔平坦,以洪积扇裙地貌为主
	I	冲洪积倾斜平原	玉门至金塔一带戈壁滩,金塔至永昌段合黎山、龙首山南山前一带	以冲洪积地貌为主,地势总体平坦开阔
	J	风积沙地	玉门至金塔、生地湾农场,金塔至高台巴丹吉林沙漠边缘、古浪腾格里沙漠边缘	以新月形高大沙丘为主,地段都以低矮沙链、沙包、沙垄为主,沙丘高差一般小于 20 m

5.3　区内盐渍土调查及取样

此项目野外调查分两次进行,历时近一个月,总行程总计 4 800 余千米,其间对管线沿线 21 个盐渍土调查点(27 个取样点)进行了现场踏勘、调查、采样及现场实验等工作。本次野外调查进行了项目涉及的新疆、甘肃管道沿线范围内以盐渍土为主的不良地质现象的野外调查工作,根据管线沿线区的不同的地形地貌、盐渍土分布特征,有选择性地选取了具有代表性的多处调查点,采集土样并记录管线沿线处的地质资料,具体的调查及取样信息见表 5-3。

取样点反映在 Google 地形图上如图 5-4 所示。

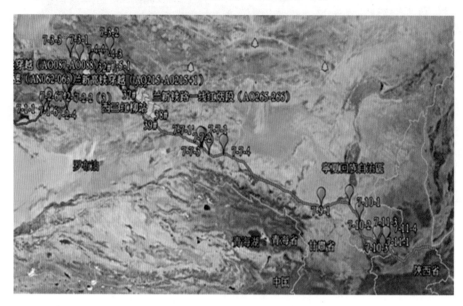

图 5-4　盐渍土取样点分布图

表 5-3　盐渍土区各调查点信息汇总表

调查点编号	坐标	位置	高程/m	描述	图片
1	42°9′18.8″N 88°17′41.24″E	南疆支干线南 0.12 km	844.5	土层分层,表面析出盐分较多,土中有盐壳,土密实度较高	图 5-5
2	42°17′32.94″N 88°36′58.22″E	南疆支干线西北 2.8 km	1 395.29	地形平坦,四周被山包围,为塌陷盆地,地表盐渍析出严重,有大约 0.1 m 厚的盐壳	图 5-6
3	42°47′14.81″N 89°53′21.14″E	南疆支干线	−110	山前冲积平原,地表有少许植被,并有盐渍析出	图 5-7
4	42°31′4.967″N 89°45′43.73″E	艾丁湖旁,南疆支干线西北 0.08 km	−109.56	山前冲积平原,植被覆盖很少,土体密实度较小,表层有盐壳(0.1 m),以细沙土为主,夹杂黏土,地下水位 0.6 m 左右	图 5-8
5	42°33′12.70″N 89°46′28.57″E	南疆支干线西北 0.09 km	−99	山前冲积平原,河湖相沉积。表层有盐结晶覆盖,形成盐壳,约 0.1 m,土质较硬,植被覆盖较少	图 5-9

表 5-3(续)

调查点编号	坐标	位置	高程/m	描述	图片
6	42°34′34.79″N 89°47′9.91″E	南疆支干线西北 0.18 km	−86.6	山前冲积平原,河湖相沉积。植被覆盖很少,表层有盐结晶覆盖,约地表 0.1 m 处胶结块,硬度较大,土主要以细砂土为主,夹杂骆驼刺根茎	图 5-10
7	43°48′22.19″N 90°37′44.60″E	新疆干线西南 2.3 km	1 206	山前冲积平原,河湖相沉积。地表有植被覆盖,旁边有冲沟,宽约 1 m,深约 0.5 m。地表为碎石土,而后往下以细粒土为主,夹杂植物根系,土颜色为黄色、黄褐色,土体较为密实	图 5-11
8	43°58′14.92″N 90°19′462.67″E	新疆干线南 1 km	900.62	山前冲积平原,河湖相沉积。旁边有河道,宽约 30 m,高差约 5 m,表层为碎石土,往下为粉质黏土,土体较密实,地面有植被覆盖	图 5-12
9	44°1′46.15″N 90°3′6.50″E	新疆干线、淮东支干线、伊利支干线交汇点西南 0.6 km	725.16	山前冲积平原,地势平坦开阔,地面有少许植被覆盖,以粉质黏土为主,质地较为坚硬	图 5-13
10	43°29′48.91″N 91°29′12.73″E	新疆干线东北 0.05 km	766	山间塌陷盆地,地表有少量植被覆盖,表层为碎石土,往下以粉细砂为主,土质松软、较干	图 5-14
11	43°29′13.81″N 91°32′34.79″E	新疆干线东北 0.68 km	750	山间塌陷盆地,土质为夹杂少量细砂的黏土,取样点四周植被覆盖较好	图 5-15
12	43°29′1.58″N 91°39′32.73″E	新疆干线东北 5.16 km	750	山间塌陷盆地,土质主要为夹杂粉土的细砂,植物根茎发达,地表泛白,主要为碱土	图 5-16
13	43°25′21.02″N 91°39′44.33″E	新疆干线 0.01 km	752	山间塌陷盆地,表层土质较软,主要以夹杂粉细砂的粉土为主,地表泛白,含碱量较大,地表植被覆盖较少	图 5-17
14	43°46′35.32″N 93°10′36.56″E	新疆干线西南 0.08 km	588	山前冲积平原,地表泛白,含碱量较高,土质以粉土为主,夹杂砂粒,地表有少许植被覆盖	图 5-18

表 5-3(续)

调查点编号	坐标	位置	高程/m	描述	图片
15	43°49′23.30″N 93°7′9.86″E	新疆干线西南 0.08 km	600	山间冲积平原,地表 0.1 m 有碱壳,往下土质以黏土为主,地表呈现白色,碱含量较高,地表植被覆盖较少,主要为芦苇	图 5-19
16	42°35′7.672″N 93°34′15.63″E	新疆干线 0.14 km	586	山前冲积平原,地表呈现白色,地下 0.2 m 和 0.3 m 处有碱壳形成,质地较硬,厚度约 0.05 m,土质以沙土为主,地表有植被覆盖	图 5-20
17	40°27′8.543″N 97°33′47.135″E	甘肃干线西南 0.05 km	1 159	山前冲积平原,土质以粉质黏土为主,为灰白色,密实度较高,地表有植被覆盖	图 5-21
18	40°24′56.43″N 97°39′30.72″E	甘肃干线东北 0.15 km	1 194.94	山前冲积平原,地表有碱渍,土质潮湿,地表以下 0.1～0.7 m 处有碱壳,土质主要为含细颗粒黏土,地表植被较多	图 5-22
19	40°8′55.70″N 98°0′22″E	甘肃干线东北 0.03 km	1 196	山前冲积平原,地势低洼,土体较为密实,土质以含黏粒粉砂为主,表现出层状,地表植被覆盖较少	图 5-23
20	40°3′53.11″N 98°50′33.89″E	甘肃干线北 1.18 km	1 208	山前冲积平原,旁边有农田,土体中密,质地较为坚硬,土质以细粒土为主,夹杂黏粒,地表有砂粒,土中有孔洞	图 5-24
21	37°26′2.31″N 104°4′21.68″E	宁夏干线 0.45 km	1 510	盐场细土平原,封闭的断陷盆地,地表有碱渍析出,土体较为疏松,表层有 0.05 m 的碱壳形成,土质以细砂土为主,含黏粒,地表有较少植被,地下水位为－0.25 m	图 5-25

　　具体的现场取样点照片、现场地形地貌和周边取样环境如图 5-5～图 5-25 所示。

图 5-5　调查点 1

图 5-6　调查点 2

图 5-7　调查点 3

图 5-8　调查点 4

图 5-9　调查点 5

图 5-10　调查点 6

图 5-11　调查点 7

图 5-12　调查点 8

图 5-13　调查点 9

图 5-14　调查点 10

图 5-15　调查点 11

图 5-16　调查点 12

图 5-17　调查点 13

图 5-18　调查点 14

图 5-19　调查点 15

图 5-20　调查点 16

图 5-21　调查点 17

图 5-22　调查点 18

图 5-23　调查点 19

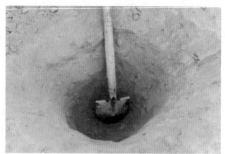

图 5-24　调查点 20

图 5-25　调查点 21

5.4　盐渍土含盐类型及其测定

盐渍土在新疆段分布较广泛,一般地表含盐量较高,与土层胶结成盐壳。盐根据盐渍土易溶盐阴离子在 100 g 土中含毫摩尔数的比值为界限指标对盐渍土进行分类,具体见表 5-4。

表 5-4　盐渍土按含盐性质分类

盐渍土名称	Cl^-/SO_4^{2-}	$(CO_3^{2-}+HCO_3^-)/(Cl^-+SO_4^{2-})$
氯盐渍土	>2.5	—
亚氯盐渍土	2.5~1.5	—
亚硫酸盐渍土	1.5~1	—
硫酸盐渍土	<1	—
碳酸(氢)盐渍土	—	>0.33

根据野外调查的结果,选取前面管线沿线新疆、甘肃段 10 个地貌典型盐渍土取样点,这些取样点盐渍土主要易溶盐含量见表 5-5。

表 5-5　管线沿线典型取样点盐渍土主要易溶盐离子含量

盐渍土点标号 (深度/m)	取样点	Cl^- /(mmol/kg土)	SO_4^{2-} /(mmol/kg土)	CO_3^{2-} /(mmol/kg土)	HCO_3^- /(mmol/kg土)	易溶盐总量 /(mg/kg土)
A(1.5~2.0)	42°9′18.8″N 88°17′41.24″E	120.80	127.28	0.00	3.50	2.58
B(2.0~2.5)	42°17′32.94″N 88°36′58.22″E	25.90	12.96	1.00	3.20	0.39
C(1.0~1.5)	42°47′14.81″N 89°53′21.14″E	86.20	14.80	0.00	4.00	0.75
D(2.5~3.0)	42°31′4.967″N 89°45′43.73″E	72.00	76.79	0.00	3.40	1.57
E(1.5~2.0)	42°33′12.70″N 89°46′28.57″E	23.50	61.95	0.00	5.00	1.04
F(2.5~3.0)	40°27′8.543″N 97°33′47.135″E	61.30	20.70	0.00	4.90	0.71
G(2.5~3.0)	40°24′56.43″N 97°39′30.72″E	298.00	67.72	0.50	4.00	2.83
H(2.5~3.0)	40°8′55.70″N 98°0′22″E	306.01	100.50	0.00	4.51	3.27
I(2.5~3.0)	40°3′53.11″N 98°50′33.89″E	554.50	28.17	0.00	2.90	3.77
J(2.5~3.0)	40°3′54.25″N 98°98′25.57″E	26.00	15.78	0.00	3.50	0.41

根据测得的易溶盐结果,分析可知新疆几种地形地貌盐渍土类型主要为氯盐渍土和亚硫酸盐渍土,阳离子以 Na^+、Ca^{2+} 为主,阴离子以 Cl^-、SO_4^{2-} 为主,2 m 以下含盐量较地表有所减小。管道工程(甘肃段)所经白墩子盆地盐渍土类型为氯化物-硫酸盐型。宁夏段盐渍土主要分布于清水河平原苋麻河 CHY022

至坪滩堆 CHY040 段,长度 13.3 m;北岗 CYZ016 至下湾 CYZ018 段,长度 2.6 km,属引黄灌区,冲积平原区均有盐渍土分布,一般比较轻微,由表土向下土壤盐渍化程度逐渐减轻。根据取土样分析结果,盐渍土类型为亚硫酸盐渍土和硫酸盐渍土。管道工程沿线清水河平原属于扬黄灌溉开发区,由于地下水的溶滤和蒸发作用会产生土壤盐渍化,并随着扬黄灌溉的持续发展,盐渍土程度有加重的趋势。

5.5 盐渍土物相及微观分析

5.5.1 物质成分分析

（1）实验仪器和 X 射线衍射实验原理

本次对研究区的土样进行物质成分分析所用仪器为 X 射线衍射仪,如图 5-26 所示。它的扫描范围为 0°～140°,测角仪的精度为 0.000 1°,准确度≤0.02°。目前,国际上有众多对于 X 射线的相关研究,这方面的进展迅速,从德国的伦琴发现 X 射线开始到现在,这项技术已经逐渐成熟,而且正逐步地被应用在各行各业,比如医学诊断、治疗以及工业探伤等方面。除此之外,X 射线还被广泛用于研究晶体结构、生物组成,其在化工和材料科学中也被广泛应用。

图 5-26 X 射线衍射仪

X 射线衍射常被用来研究晶体的特征结构,其原理就是利用 X 射线对晶体进行照射,而晶体会对照射进来的射线进行衍射,对于不同类型的晶体,产生的衍射强度和角度会有不同,分析不同晶体的衍射特征,从而研究不同晶体的特征。经过漫长而大量的研究,布拉格最终总结出了符合晶体几何衍射的代数公式,可以利用这个公式,通过 X 射线衍射测试,获得衍射相关数据,以此来分析晶体的特征。由于原始公式比较复杂,因此通常将布拉格方程进行简化,这样一来,计算晶面间距、分析晶体特征就相对简单很多,布拉格方程一般被简化成如下形式:

$$2d \sin \theta = \lambda$$

式中,d 指的是晶面间距;θ 代表半衍射角;λ 为入射 X 射线波长。

当晶面间距大小一定时,衍射不但要符合 $\sin \theta \leqslant 1$,而且要满足 $\lambda \leqslant 2d$,当入射光的波长小于 2 倍的晶面间距时,半衍射角会因为过小而不容易观察到。因此,通常在进行实验的过程当中,入射波长往往和晶格常数比较接近,X 射线谱常常使用 $k\alpha$ 来标识。

（2）试样制备

① 试样的选择、烘干、研磨及筛选

本次实验根据研究区地形地貌及现场踏勘选择 4 组试样,分别为鄯善站附近、木垒压气站、七角井及哈密压气站附近的试样。其中,鄯善的地形地貌为风积沙地,七角井的为冲积平原,木垒站是山前洪积扇及砾质倾斜平原,哈密的为风积沙地。

选择试样之后,紧接着进行试样的烘干工作。具体的操作要求:称量大约 80~100 g 的原始土体,然后把土样放入烘箱之内,将温度调节到 80 ℃,控制这个温度。烘干过程持续进行 8 h,然后取出烘干的土样。接下来是研磨试样,研磨过程要仔细而充分,试样被烘干后,放入研磨机进行研磨直至均匀。然后要把烘干之后的土样进行筛分,根据实验要求选择合适目数的筛分器,把土样放入300 目筛分器的网格之上（图 5-27）,仔细筛分试样。通过筛分器网格下来的土颗粒就是本次实验所需要的土样,把符合实验要求的这部分土样进行保存,留作衍射测试时使用。整个试样的制备,在每一步的过程之中要严格清理所用到的实验仪器,以避免每个土样之间的互相污染。

② X 射线衍射实验

实验需要精密且严格的仪器和操作,把以上步骤制备好的试样良好封存,送样至中国矿业大学分析测试中心进行测试,随后获取相关的分析数据。

（3）物相分析基本原理和分析步骤

① 物相定性分析

图 5-27　试样的筛选

　　首先是要获得衍射图谱：拿到 X 射线衍射的数据之后，要对数据进行相应的处理，把这些数据转换成所需要的信息。这个过程要利用 MDI Jade 软件对衍射数据进行处理，从而获得衍射图谱，为了后期的计算，图谱中应该包含 d、2θ、I/I_0 等相关量的信息。接着选择相应数据，让数据图谱呈现在分析软件的视图窗口中。

　　由于盐渍土地表土层成分复杂，而且管线一般埋置在地下 2～2.5 m 左右深度处，因此想要分析这部分试样盐渍土的物相，只需选择 Inorganics 和 Minerals 数据库，这两个矿物组分数据库包含将要检测矿物组分，检索开始不需要勾选单种元素，直接依次勾选矿物进行检索。

　　检索过程中，用于计算的两个关键数据就是 d 和 I/I_0，分别代表衍射点位和衍射强度。勾选矿物，利用峰值检索，图谱中会出现相应的这两个数据的匹配位置和大小。依次进行矿物衍射卡片信息的匹配，完成可能性最大的前 100 种物相检索。

　　检索过程中对匹配关系较强的矿物进行标记，进而依次检测出土样物相的存在组分。

　　② 物相定量分析

　　定量分析的过程要用到前面得到的衍射强度，这个数据可以从衍射图谱当中读出，结合参比强度（用 K 表示），计算可以采用比值法，利用试样中 i、j 两项之间的衍射强度、参比强度，进而计算出相应物相的质量分数。计算公式如下：

$$\frac{I_j}{I_i} = \frac{K_j}{K_i} \times \frac{W_j}{W_i}$$

式中，衍射强度用 I 表示；K 表示参比强度；W 代表该种物相的质量分数。

K 值很早就被定义在 PDF 卡片上，最早可以追溯到 1978 年，在卡片上使用字母 I/IC（RIR）表示其含义，指的是此种矿物和刚玉的强度之比。根据这个思路，利用得到的衍射数据，结合 PDF 卡片获取的 K 值，衍射强度可以从衍射图谱当中获得，进而利用以上公式计算出该物相的矢量大小。

（4）物相分析结果

前面提到，完成 X 射线衍射实验之后，会得到一些专业的衍射数据，这些数据只有通过有针对性的分析才能得到想要的信息，本次实验利用 MDI Jade 软件获得土样的衍射图谱，根据以上的定性分析步骤完成试样的定性分析，从而得到结果。

① 物相定性分析

遵循前文定性分析的步骤，对获得的 4 组数据进行分析，此次分析主要包括鄯善、七角井、木垒和哈密等 4 个研究点，把这 4 个地点的土样分别编号为 A1、A2、A3 和 A4（同结构分析），分析结果如图 5-28～图 5-31 所示。

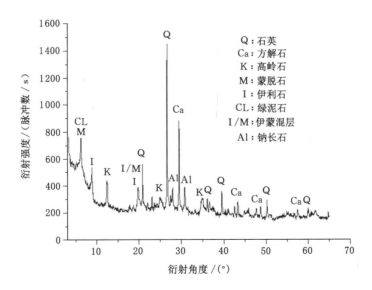

图 5-28　试样 A1 定性分析结果

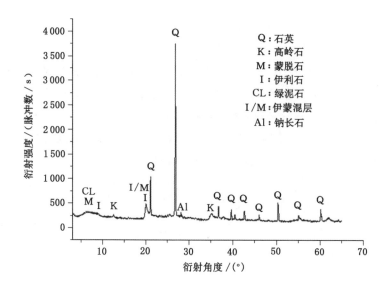

图 5-29　试样 A2 定性分析结果

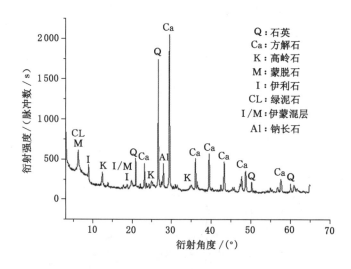

图 5-30　试样 A3 定性分析结果

通过分析,可以获得每个研究点明确的物相组成,大致可以分为以下两类:

第一类,试样 A1、A3,这种类型的试样大致主要包括石英、方解石和钠长石。除此之外,黏土矿物占有相当的比重,主要包括伊利石、高岭石和绿泥石,同

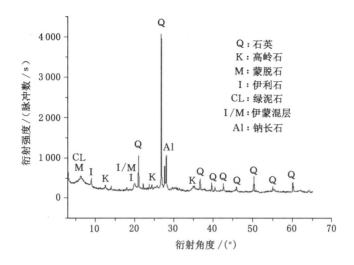

图 5-31　试样 A4 定性分析结果

时还包含蒙脱石和伊蒙混层,这类试样主要含有这 8 种物质组分。

第二类,试样 A2、A4,这种类型的试样大致主要包括石英和钠长石,以及黏土矿物中的伊利石、高岭石和绿泥石,还有蒙脱石和伊蒙混层这 7 种不同的物相组分。

② 物相定量分析

定量分析可以得到每种物相在总的矿物组分中所占的百分比。采用上述步骤,针对不同的矿物种类,首先从衍射图谱中读取矿物的衍射强度;然后再查找 K 值的大小,查找得到所有包含物相的参比强度 K 值大小分别为:$K_Q=3.03$,$K_{Ca}=3.21$,$K_K=0.87$,$K_M=1.45$,$K_I=0.50$,$K_{CL}=1.74$,$K_{I/M}=0.50$,$K_{Al}=2.05$。最后可以分别计算出所有物相的矢量大小,结果见表 5-6。

表 5-6　试样定量分析结果　　　　　　　　单位:%

质量分数 试样	蒙脱石	绿泥石	高岭石	伊利石	伊蒙混层	石英	钠长石	方解石
试样 A1	11.43	4.90	19.10	23.17	9.93	15.43	7.55	8.50
试样 A2	5.08	2.18	7.91	32.05	13.73	36.53	2.53	—
试样 A3	9.37	4.02	14.93	10.27	4.40	16.57	36.26	4.18
试样 A4	9.84	4.22	8.09	19.55	8.38	34.30	15.62	—

分析研究区土样的成分可知,样品 A2、A4 中不含方解石,但是石英含量较高。在不同地点,对于不同盐分含量的盐渍土类别,黏土含量的大小也会有所差异。

5.5.2 微观结构分析

（1）扫描电镜的工作原理和基本特性

扫描电镜的基本工作原理:要获取物质的表面微观形貌特征,必须利用特殊的工具,而这个工具就是电子束,因为它可以通过设备改变自己的形态,汇聚成直径 5 nm 以下的微小探测工具。这些探针会进行光栅状扫描试样表面,其中被分析试样和电子探针中的高能量电子产生相互作用,这些作用会产生包含试样表面特征的反射型射线,这些射线包含不同的能量特征,仪器接收到这样的反射信息之后,计算机会进行分析和计算,最后呈现出相应的微观图像。

扫描电镜和其他显微镜比较起来,具有下面几个优点:

① 扫描电镜对于试样的观测细致入微,能够探测到物质表面最原始的状态,因为实验过程是电子束直接作用在物质的表面,因此扫描电镜可以最直观地反映试样的真实状态和表面形态。

② 在观测的过程之中,试样处于三维立体可旋转的观测台之上,观测台可以通过人为的计算机控制操作,从而对想要观测的部位进行旋转观测以及局部的放大分析,这个优点能够方便全面地研究试样的不同角度的形态。

③ 景深长,图像富有立体感。扫描电镜由于放大倍率较高,能够观测到普通光学显微镜所无法分辨的级别大小,因此能够呈现出较强的立体视觉感受。

④ 图像的分辨率较高且放大范围广泛。扫描电镜具有光学显微镜和透射电镜所没有的优点,它的放大倍率变化范围广泛,从几十倍到上万倍,这也是扫描电镜最基本的一个特质。

⑤ 在观测的过程之中,试样土体被污染的情况比较常见,是由于观察过程之中试样的移动、接触,还有就是试样被观测仪器所产生的射线损伤严重,比如透射电镜能够产生能量较强的电子束,其在反复扫描试样表面的过程中会影响和破坏土体,而扫描电镜的影响很小,其产生的电子束的加速电压小于 50 kV,能量较低。同时,在观测的过程之中,这些电子束对试样的照射是循环往复而不是停留照射,因此土样在整个观测中破坏最轻。

（2）土样的制备

要得到理想的观测效果,必须把土样制备环节做好,因为扫描电镜观察的是土体试样的微观形态,所以前期准备的土样至关重要。如果制备粗糙、不合要求,那么观测结果将和真实情况大相径庭,会造成十分严重的测试误差。

提供给扫描电镜观察的土样事先必须进行干燥,干燥的目的是除水,因为原始采集的土样包含水分,而这部分水一般存在于土样空隙骨架之中,在原始的土壤环境之中,这部分水会因为毛细作用转移、扩散,因此不易发现处理,尤其是对于黏土类,往往容易其中含水而发生胀缩。所以,要采用不但能干燥而且又不能导致变形过大的专业方式来进行干燥。

对土样进行干燥可以采取的方法很多,这里使用前面用到的烘干法,利用烘箱设定合适温度持续作用,使试样中的水分消失,这种方式简单有效,而且不易污染试样。等降温之后,把烘干之后的土样取出,样品呈现干硬的状态,将其掰断,接着用专用的切土刀把土样处理成所需的状态和大小。按照实验要求,切出截面 0.5 cm^2、长 2 cm 左右的长条柱状试样若干,以备使用。在处理的过程中,要注意保持试样的新鲜断面,这样观察到的才最接近真实状态。就算试样样品位于没有被操作处理的水平或垂直面之上,也要注意务必保持新鲜面的平整。在试样处理过程之中,会产生部分扰动小颗粒,处理这部分颗粒的干扰,可以采用胶水粘贴法,就是把胶水涂抹在这部分试样表面,要求薄而均匀,然后放置一边不被干扰,干燥胶结之后将其小心撕下。这样就能获得新鲜表面,反复进行这几步操作直到获得底部平整且厚度 2 mm 的薄片试样。最后是试样的固定阶段,用小胶片承载试样观测样品,黏合剂为环氧树脂,整个制备过程之中样品表面产生的尘土用洗耳球吹去。扫描电镜观测是利用仪器发射电子,因此必须使样品导电,把样品固定在样品盘之上以方便操作,将其放入真空蒸发镀膜仪当中,反复两三次镀金之后,得到符合要求的实验土样。

(3)土体微观结构图像分析

此次观察到的矿物形态较为明显,而且多数为黏土矿物,硅质矿物也占有相当比重,而碳酸盐矿物含量相对最少。

黏土矿物的常见种类主要包括高岭石、伊利石和蒙脱石,除此之外,还常见绿泥石、埃洛石、绿蒙混层和伊蒙混层等。其中,片状、丝缕状及蜂窝状是伊利石的常见单体形态,而其集合体多呈现出羽毛状、鳞片状和碎片状等状态。假六方形的鳞片状是高岭石常见的单体形态,而手风琴状、蠕虫状是其常见的集合体形态。埃洛石通常表现形态为棒状、针状和管状。棉絮状和蜂窝状是蒙脱石常表现的单体形态,还有不规则的波状薄片。绿泥石常见的单体形态是针叶片状,不同于鳞片状、绒球状和玫瑰花朵状等集合体形态。

从地质产状方面可以把黏土矿物分为以下三个主要类型：原生残余、搬运沉积和成岩作用。更进一步对这三类矿物根据其各自的成因进行划分，可以得到不同成因的各种黏土矿物在扫描电镜下的形态特征，见表5-7。

表5-7　不同成因的各种黏土矿物在扫描电镜下的形态特征

产状	成因		扫描电镜下形态特征
原生残余	热液作用		晶形完好、结晶度高以及晶体排列紧密
	风化作用	风化残积	晶形不好、结晶度不高，常见风化母岩的假象结构及与母体的亲缘关系
		风化淋滤	晶形不好、结晶度不高，常呈无定形圆球状
搬运沉积	沉积作用		晶形不好、结晶度不高，常表现出无规则弯曲片状，一般失去原有黏土矿物典型形态、特征
成岩作用	溶液晶出作用		晶形完好、结晶度高、晶体粗大以及堆积疏松
	矿物转化		形态上具有双重性，就是从空间位置上表明两种矿物具有明显的亲缘关系，同时保留两种矿物各自的形态特征
	矿物共生组合		晶形完好、结晶度好的各类矿物的机械混合物

硅质矿物：石英、长石是硅质矿物的主要代表。石英通常表现出带尖的六方柱状态，而长石通常为板柱状。不同成因环境会对石英颗粒产生不同表面特征的组合，本次实验只分析石英颗粒的磨圆情况，石英颗粒磨圆状况较好。因为成岩作用、表土风化以及风成环境等形成环境，颗粒表现出无棱角和圆滑的形态，而且通常小颗粒要比大颗粒磨圆差得多。当石英颗粒在冰川沉积环境中时，颗粒则会表现出尖锐棱角且颗粒表面一般起伏较大。石英颗粒在大陆水环境之下棱角被磨圆，表现出轻度到中等磨圆等随着搬运能量和距离不同的现象。石英颗粒在海洋环境中，特别是浅海大陆架，磨圆较差，表现出仅棱角磨圆，总体表现出轻度到中等磨圆状况。

碳酸盐矿物：白云石和方解石是碳酸盐矿物的主要组分。白云石主要为立方体状，而菱形面体状是方解石呈现的主要状态。

对本次实验土样的微观结构图像进行分析，如图5-32～图5-35所示。

分析可知，研究区试样矿物中黏土矿物含量较高，其微观结构图像有如下特征：

① 黏土矿物占到总量的半数以上，而且黏土矿物的含量要比碳酸盐和硅质矿物之和多。

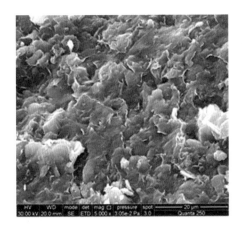

图 5-32　无规则薄片状黏土矿物(试样 X1)

图 5-33　片状黏土矿物(试样 X2)

图 5-34　鳞片状黏土矿物(试样 X3)

图 5-35　柱状颗粒(试样 X4)

② 除了部分可见到典型的黏土矿物特征之外,黏土矿物多表现为薄片弯曲且多为无规则状态。

③ 石英颗粒除局部可见柱状的颗粒,大多磨圆较好且呈次圆状。

经过上述的分析可知,除了可见到局部典型黏土矿物特征之外,研究区分析试样中的黏土矿物大多表现出薄片且无规则弯曲。根据前面叙述的不同黏土矿物在扫描电镜下的形态特征,结合研究区概况特征及物相分析结果,可以大致推断研究区试样中黏土矿物含量高,石英、长石颗粒磨圆度较好,但是含量相对较低,这与前文物相分析的结果基本吻合。

5.6 大气影响深度对盐渍土盐分迁移的影响

首先,要明确盐渍土的成因,盐渍土主要形成于干旱半干旱地区,因为这些地区蒸发量大、降雨量小、毛细作用强,所以极利于盐分在地表聚集。此外,内陆盆地因地势低洼、周围封闭、排水不畅、地下水位高,也不利于水分蒸发而形成盐类聚集。而农田洗盐水、压盐水、灌溉退水、渠道渗水等进入地层也会促使盐渍化。受上述条件的限制,其分布一般在地势比较低且地下水位较高的地段,如内陆洼地,盐湖和河流两岸的漫滩、低阶地、牛轭湖以及三角洲洼地、山间洼地等地段。盐渍土中盐分的分布随季节气候和水文地质条件而变化,在干旱季节地面蒸发量大,盐分向地表聚集,这时表层土含盐量最大,可超过 10%,向下随深度增加,含盐量逐渐减少;雨季时地表盐分被地面水冲洗溶解,并随水渗入地下,表层含盐量减少。因此,在盐渍土地区,经常发生盐类被淋溶和盐类聚集的周期性变化。

其次,要知道影响盐渍土盐分迁移的因素。水溶液是盐渍土盐分迁移的最主要体系,依据无机盐溶解度大小的原则,溶解度小的先沉淀,溶解度大的后沉淀,通过地下水和地面水的搬运,就在不同地形形成不同类型的盐渍土。

溶滤作用影响:溶滤作用将土中的盐分溶于水中,在水与盐渍土中盐分相互作用下,一部分盐分随地表水进入地下水中,这就是溶滤作用。其结果就是,岩土失去一部分可溶物质,地下水则补充新的组分。地下水的径流与交替强度是决定溶滤作用强度的最活跃、最关键的因素。流动停滞的地下水,随着时间推移,水中溶解盐类增多,CO_2、O_2 等气体耗失,最终将失去溶解能力,溶滤作用便告终止。地下水流动迅速,使矿化度低的、含有大量 CO_2 和 O_2 的大气降水和地表水不断入渗更新含水层中原有的溶解能力降低的水,地下水便经常保持强的溶解能力,岩土中的组分不断向水中转移,溶滤作用便持续地强烈发育。

浓缩作用影响:地下水的流动把溶解的盐类物质带到排泄区,在干旱半干旱地区的平原与盆地的低洼处,地下水位埋藏不深,蒸发成为地下水的主要排泄去路,由于蒸发作用只排走水分,盐分仍保留在余下的地下水中,随着时间的延续,地下水溶液逐渐浓缩,水中盐分浓度增大,矿化度增高,溶解度小的盐类便首先沉淀。这样水中各种盐分的比例也随之发生变化,氯化物的溶解度最高,硫酸盐次之,而碳酸盐较小。所以,以重碳酸盐为主要成分的低矿化水,常在蒸发浓缩过程中变为硫酸盐水,或进一步变为高矿化的氯化物水。

大气降水在很大程度上影响了溶滤。盐渍土分布区的气候多为干旱或半干旱气候,降水量小,蒸发量大,年降水量不足以淋洗掉土壤表层累积的盐分。由于新疆地区属大陆性气候,表现出干旱的气候特征,蒸发量大于降水量数十倍甚至更多,这就决定了土壤中上升水流占绝对优势,随着地下水体中含盐矿物不断积聚,矿化度增高,为地表积盐提供了物质条件。在自然条件下,降水的淋滤作用和脱盐作用就显得十分微弱。各地降水差异明显,气温变化剧烈,反映到盐渍土的形成与分布上,各地积盐程度极不一致,盐渍土面积也存在明显的空间分异性。南疆气候干燥,降水稀少,蒸发强烈,属暖温带荒漠,土壤积盐快、强度大、分布广,并以典型盐土分布最广。

浓缩作用很大程度上受水文地质条件的影响。水文地质条件也是影响土壤盐渍化的重要因素。盐分的积聚,与地下水水位、矿化度和矿化类型有密切关系,地下水水位越高,蒸发越强,土壤的积盐也越快。同时,地下水矿化度越高,地下水向土壤输送的盐分越多,土壤的积盐也越重。新疆强烈蒸发的气候条件和地下水矿化度较高的水文地质条件是新疆土壤积盐严重的主要因素。像南疆铁路经过的焉耆盆地为内陆山地盆地,盆地内有博斯腾湖,该湖面积较大,湖水水位较高,也抬高了湖水周围陆地的地下水水位。加之湖周陆地地势平坦,地表地下径流不畅,盐分缺乏出路,地下水的矿化度不断抬高,多方面的作用使焉耆盆地成为新疆盐渍化程度最重的地区。另外,地质构造运动活跃的地区,裂隙水、承压水的分布是相当广泛的。裂隙水的化学成分和所在岩层的岩性有关,花岗岩的裂隙水一般多为重碳酸钠质水,石英岩及砂岩中流出的水,多为重碳酸钙质水。裂隙水的储量与高山的降水及融雪量的多少有关。如吐鲁番、鄯善一带白垩纪底部砂岩中,即有含盐的泉水流出。缺乏水源补给的地区,裂隙水也是较少的。这里的裂隙水水量不大,矿化度却较高,常隐没于疏松的岩层中,在山麓以泉水的形式出露。如天山南麓的轮台至阳霞之间的地段和坷坪山前大片盐渍土的形成,与深层高矿化水沿断裂带上升也有一定的联系。

上述的溶滤和浓缩作用在干旱少雨的地区表现强烈,两种作用之后滞留聚集起来的盐分在毛细作用的影响下发生迁移。在干旱少雨的地区,地下水位较低,蒸发强烈,盐分在毛细水的带动下汇聚至地表浅部,一般来说,黏质土的毛细管孔隙细小,毛细管水上升高度受到抑制;砂质土的毛细管孔隙直径较大,地下水借毛细管引力上升的速度快但高度较小,这两种土均不易积盐。粉砂质土如粉土,毛细管孔径适中,地下水上升速度快、上升高度高,特别易于积盐。因此,根据此毛细水最大上升高度,可以确定该地区由地下水引起土壤盐渍化的地下水临界深度。

分析自然环境下大气影响深度对盐分迁移的影响,从野外踏勘的大量取样点中选择新疆七角井取样点进行分析。分析该点的盐渍土在自然环境下受大气影响深度和盐分迁移规律,为盐渍土地区管道埋设提供依据。

表 5-7　七角井易溶盐含量实验结果

取样深度/m	总含盐量/%	$Cl^-/(1/2SO_4^{2-})$	盐渍土分类	土质说明
0.3	5.238	2.65	氯盐渍土	细粒土
0.6	4.582	2.35	亚氯盐渍土	细粒土
1.0	3.460	2.30	亚氯盐渍土	细粒土
1.4	2.821	2.27	亚氯盐渍土	细粒土
1.8	2.660	2.86	氯盐渍土	细粒土
2.2	1.583	2.58	氯盐渍土	细粒土
2.6	1.224	2.78	氯盐渍土	细粒土
3.0	0.988	2.59	氯盐渍土	细粒土

　　由图 5-36 可以看出,地表下 1.8 m 深度范围内的含盐量较高,以氯-亚氯强盐渍土为主,1.8 m 以下土层中的含盐量显著降低,因此可以初步认为盐渍土细粒土含盐量的影响深度在 1.8 m 左右。

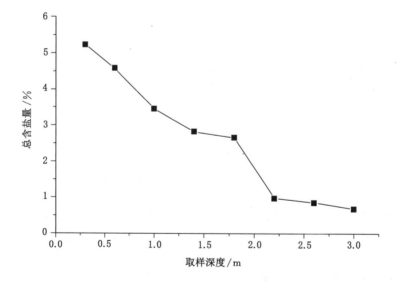

图 5-36　含盐量随深度的变化规律图

5.7　盐渍土成因及分布特征分析

5.7.1　盐渍土的成因

　　盐渍土的形成一般必须具备以下条件:① 地表水和地下水含盐量较高,有充足的盐分来源;② 地下水水位浅或者近地表,受到毛细作用的影响;③ 气候干旱,蒸发量大于降水量;④ 受地形影响,地表水、地下水易补给,排泄少(除蒸发),盐离子易汇聚。

盐渍土中盐类的来源不外乎三类:其一,地层中的盐类被水化溶解,溶解后的盐离子随地下水运移;其二,岩石风化分解出可溶性盐类,随地表水运移沉积;其三,地下水中可溶性盐离子在毛细作用或强烈蒸发作用下逐步在近地表结晶形成盐渍土。由此可见,盐渍土的形成与地表水、地下水的运移密切相关,盐分的差异决定盐渍土等化学成分类型。

区域气候、地形地貌条件又决定了地表水、地下水的运动规律;地表水、地下水的运动影响了土中各种不同盐离子的运移与富集;土中盐类离子的运移与富集特征又决定了盐渍土的分布特征。新疆气候干旱,降水量极少,蒸发量很大。在北疆年蒸发量为 6~15 倍降水量。依据地理区域分类,北疆的盐渍土基本上属于干旱-过干旱型内陆盐渍土。盐渍土总体分布规律与天山、阿尔泰山密切相关,从地形地貌上看,盐渍土主要分布于天山北麓和阿尔泰山南麓,集中分布于沙漠边缘、紧邻现代绿洲和古老绿洲或分布于绿洲内部。

前文述及,管线沿途土的含盐量统计表明,易溶盐含量具有明显的不均匀性,西部含盐量较小,东部逐渐增大。主要原因在于从霍城至哈密,气温逐渐升高,蒸发量越来越大,部分区域蒸发量远大于降水量。水源补给越来越弱,地下水毛细作用影响增强,毛细管力增大,土中各类盐离子逐渐向地表运移富集,含盐总量增大,如图 5-37 所示。

5.7.2　盐渍土平面分布特征

由图 5-37 可以看出,在霍城县取样点、石河子取样点、昌吉市取样点所测得土的含盐量比较低,均不超过 0.3%,根据标准可定为非盐渍土地区。该特点与管线途经区域的地理位置、地形地貌相关。在霍城县、石河子、昌吉市三段,管道经过区域基本上为低山丘陵或者是河谷农田地段,沿途地表水体发育,用于工农业生产的水源、人工灌溉水渠较为密集,地下水得到了较为充足的补给;同时该区域降水相较于其他区域较为丰沛,空气湿润,土的毛细作用影响较弱,不利于盐渍土的形成。因此,管线经过的霍城县、石河子市、昌吉市三段为非盐渍土分布区。

管线途经的乌鲁木齐至哈密市段,土中含盐量较高,最低含盐量均超过0.3%,局部最大含盐量大于 5%,管线处于盐渍土-强盐渍土分布区域。该段管线主要途径戈壁荒漠,沿线植被基本不发育,日照时间长,气候干旱,蒸发量远大于降水量,地表水系基本不发育且入渗速度较快,地层中毛细作用较强,毛细管力将土中盐分逐渐抬升到地表,在浅表地层富集、结晶,从而形成盐渍土。戈壁

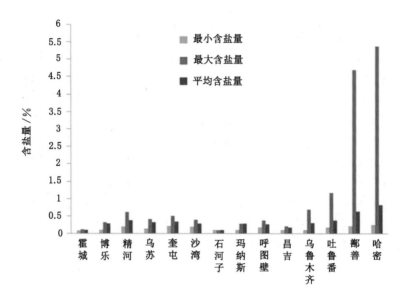

图 5-37　管道沿线含盐量分布特征

地区,局部表层可形成平均厚度约 0.1 m 的盐壳层。局部低洼地区地下水泄水口可形成盐沼。图 5-38 所示为管道沿线盐壳层及盐沼。

图 5-38　管道沿线盐壳层及盐沼

　　根据勘察资料,对管线途径的盐渍土区域长度与管线长度进行了分段对比,如图 5-39 所示,受气候条件、工农业生产建设、水文条件及地貌单元等因素的影响,铺设管道距离与沿线盐渍土线路分布差别较大。

5.7.3　盐渍土垂向分布特征

　　据室内易溶盐实验结果,新疆北部地区盐渍土主要分布深度为 0～3.5 m,部分地段盐渍土深度大于 3.5 m,局部高含盐量的盐渍土深度可达 8 m。由土样

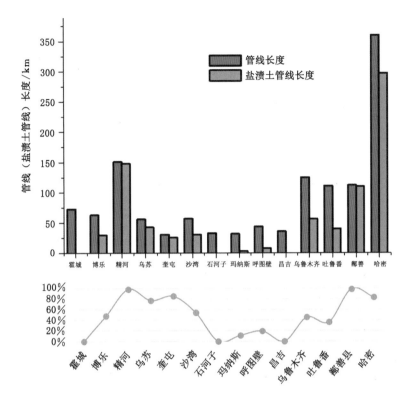

图 5-39　管道沿线盐渍土分布特征

实验成果的数理统计结果可以分析管道沿线各县市盐渍土深度分布特征及非盐渍土含盐量分布特征,如图 5-40 所示。

由图 5-40 可知,管道沿线非盐渍土地区含盐量曲线变化平缓,局部稍有波动起伏,含盐量总体趋势随深度的增加而降低。局部起伏是由于地层局部含盐量波动变化引起,随不同季节和气候条件产生变化,由于毛细管较弱,变幅相对较小。

为方便进行统计分析,令霍城县至昌吉市的盐渍土分布区域为西北部地区,乌鲁木齐市至哈密市的盐渍土分布区域为东北部地区。根据土样实验成果的数理统计,分析管道沿线盐渍土地区含盐量的深度分布特征及易溶盐深度分布特征,如图 5-41、图 5-42 所示。

由图 5-41 可知,管道沿线盐渍土地区地层含盐量随深度的增加而减小,西北部地区深度大于 5.5 m 的含盐量小于 0.3%,为非盐渍土。在工农业活动频繁、水源补给及时、湿度相对稍高的玛纳斯和呼必图地区,盐渍土深度小于 1.5 m,由于毛细管力较弱,因此深度大于 1.5 m 含盐量变化平缓。精河县、乌苏

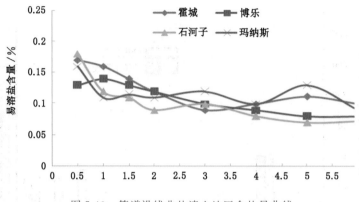

图 5-40　管道沿线非盐渍土地区含盐量曲线

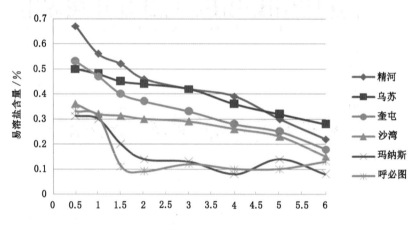

图 5-41　新疆段盐渍土地区垂向分布特征

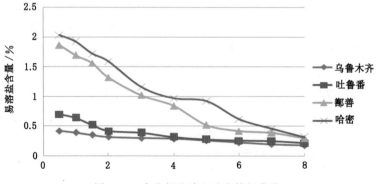

图 5-42　东北部盐渍土垂向特征曲线

市、奎屯市为盐渍土地区,含盐量较玛纳斯、呼必图县高,盐渍土分布深度较大。

由图 5-42 可知,东北部盐渍土地区含盐量较高,随深度的增加,含盐量明显降低,分布深度可达 8 m。该地区相对于玛纳斯、呼必图县,气候较高、蒸发量较大、水源补给不及时、工农业活动较少,因此毛细管力较高,盐渍土分布深度较大,含盐量随深度变化较明显。

相对于西北部地区,东北地区盐渍土分布深度及含盐量较高,主要原因在于管道沿线东北部地区处于低纬度,相对于西北部地区气温较高、气候干燥、水源补给较小、工农业生产建设较少、蒸发量高、地层毛细管力较大,因此含盐量较高。鄯善、哈密地区以戈壁地貌为主,蒸发量大、植被零星、水土保持较弱,含盐量明显高于其他地区,分布深度可达 8 m,含盐量随深度的增加明显减小。乌鲁木齐、吐鲁番地区工农业活动稍频繁、水源补给相对较高,因此盐渍土随深度增加平缓减小,盐渍土平均深度小于 4.0 m。

5.8　盐渍土工程特性及分段评价

一般条件下,土壤能够产生腐蚀,往往是由于几个方面因素造成:起主导作用的主要是土壤的多相体系,土壤一般由气态、液态和固态三相组成;在土颗粒之间的空隙和骨架之中,充填着空气、水和各种盐类。因为易溶盐类在水的作用下会被溶解,盐类溶解产生各种阴阳离子,进而作用于金属表面,对管道产生化学及电化学腐蚀作用。除此之外,在人类用电的过程中,工业、民用无意将电泄露进入地下,这部分电流往往会从涂层局部破损的部位进入地下构筑物之中,进而在其中产生散杂的电流,从而产生电解作用,这些遭受腐蚀的部位是电解电池的阳极部分。同时,土壤中的细菌也会产生一定的腐蚀作用,其中的微生物会造成细菌腐蚀。

依据《油气田及管道岩土工程勘察标准》(GB/T 50568—2019)和《盐渍土地区建筑技术规范》(GB/T 50942—2014),研究区盐渍土的工程特性一般为腐蚀性、溶陷性及盐胀性。

管道沿线盐渍土具有较强的腐蚀性及盐胀性,根据实验及现场勘察,沿线盐渍土不具有溶陷性,故本书不重点研究溶陷性。当 O_2、H_2O 与钢结构的表面发生接触,会产生锈蚀,或者在潮湿、含有电解质溶液的环境下会发生腐蚀。输气管道的表面具有一层碱性保护膜,在碱性环境中 X80 钢不会导致锈蚀,但是当土中有氯离子存在时,就会通过土壤的孔隙破坏碱性保护膜,造成 X80 钢锈蚀。

由于盐渍土与管道直接接触,会对管道产生化学腐蚀,因此,设计、施工时必须采取防腐措施。盐渍土产生的危害是逐渐起作用的,其产生的化学腐蚀也是一个缓慢发生变化的过程。由易溶盐测试所得的各地区离子含量,结合各自地形地貌特征、盐渍土分布特征得到研究区盐渍土工程特性,见表5-8。

表5-8　研究区不同地区工程特性

主要工程特性	盐渍土类型	分布地点	地形地貌	形态特征
盐胀性、腐蚀性	氯盐渍土(少)、硫酸盐渍土(主要)	鄯善一带,长46 km左右;四堡阀室至哈密分输压气站沿线,长58 km左右	风积沙地	高差不大的台阶型平台或缓地
盐胀性、腐蚀性	氯盐渍土(少)、硫酸盐渍土(主要)	木垒县的天山北麓山前,长30 km左右	山前洪积扇及砾质倾斜平原	南高北低,多已连成一片,形成洪积扇或洪积砾质倾斜平原
腐蚀性	氯盐渍土(主要)、硫酸盐渍土(少)	七角井压气站一带	冲积平原	地形开阔平坦,以洪积扇裙地貌为主
腐蚀性	氯盐渍土(主要)、硫酸盐渍土(少)	七角井注入压气站至哈密分输压气站线路沿线,长168 km左右	剥蚀准平原及风蚀雅丹地貌	长条状垄岗高地及狭长的壕沟
盐胀性、腐蚀性	氯盐渍土(少)、硫酸盐渍土(主要)	哈密至石燕压气站,长121 km左右	剥蚀缓丘及剥蚀残丘	地形起伏一般不大,高差在5～15 m

5.9　本章小结

盐渍土的工程特性对其所处的环境变化较为敏感,特别是气候和地表、地下水环境。一般在干燥状态下的盐渍土通常具有较好的抗压和抗剪强度,抗压缩性较强,是良好的持力层,但是土中含水量的变化容易引起土中盐类的溶解与结晶,导致盐渍土力学性质发生改变,一般规律是强度减弱、承载力降低。

(1) 在特定条件下,盐渍土往往具有腐蚀性,锈蚀混凝土及其钢筋;膨胀性和溶陷性容易引起路基、地基的膨胀、失稳等。

(2) 盐渍土中的盐类结晶遇水溶解、潜蚀是产生溶陷性的主要原因;易溶盐类结晶析出、晶粒将土颗粒胀开是盐渍土膨胀的主导因素,一般情况下盐渍土中Na_2SO_4含量对膨胀性影响最大。溶陷性和膨胀性主要影响盐渍土的土体结构、承载力变化。盐渍土中的Cl^-、SO_4^{2-}入侵地下设施的金属材料,产生较为强烈的腐蚀作用,对管线建设影响较大。

(3) 盐渍土对各类工程的腐蚀破坏相对较为缓慢,一般都有个逐渐变化的过程,因此,盐渍土对管道的腐蚀危害在相对较短的时间跨度内是不易察觉的,但是其危害却不可忽视。根据管道沿线盐渍土的腐蚀性成分测试成果分析,管线西段盐渍土中的腐蚀性微弱,对管线建设基本不产生影响;乌苏至哈密段盐渍土腐蚀性较强,盐渍土对钢筋混凝土工程材料具有中等至强的腐蚀性,对钢筋混凝土建筑中的配筋材料尤其是钢筋具有中等至强的腐蚀性。鄯善至红柳段腐蚀性较强,盐渍土对钢筋混凝土的腐蚀性基本处于中等至强的程度,对钢筋混凝土建筑中的配筋材料尤其是钢筋具有较强的腐蚀性。盐渍土盐类测试结果表明,管线沿途盐渍土类型以氯盐渍土和亚硫酸盐渍土为主。沿途采样点的盐渍土腐蚀性评价显示,管道沿线自西向东腐蚀性也有逐渐增强的趋势。

第6章 盐渍土盐胀变形与水盐运移规律分析

6.1 硫酸盐渍土物质成分和盐胀机理分析

6.1.1 X射线衍射实验原理

本书中对物质成分分析用到的仪器为 X 射线衍射仪(XRD)。布拉格实验装置是 X 射线衍射仪的原型,XRD 融合了机械与电子技术等多方面的研究成果。本次实验我们采用德国布鲁克(BRUKER)公司生产的 D8 ADVANCE X 射线衍射仪进行实验。该仪器主要由七部分组成:X 射线发生器、衍射测角仪、辐射探测器、测量电路、控制操作和运行软件的电子计算机系统、冷却循环水系统。其扫描范围为 $0°\sim140°$,测角仪精度为 $0.000\ 1°$,准确度 $\leqslant0.02°$。

X 射线衍射仪是利用射线探测器和测角仪来探测衍射线的强度和位置,并将它们转变为电信号,然后用计算机对数据进行自动记录、处理和分析的仪器。对于土样而言,采用粉末衍射仪对土样进行衍射分析以获得关于衍射角及对应衍射强度的一组数据,并利用 Origin 7.5 软件将它们转化为直观的衍射图,以利于分析研究。衍射结果中,衍射角指的是衍射线的张角大小,常以 2θ 表示,它指的是测角仪测到的同种晶面的两条衍射线的夹角,与之相关的一个概念就是半衍射角 θ,它是衍射角的一半,但实际上它更具有衍射角的意义。衍射角是矿物晶体特征的反映,它与矿物的晶面间距有一个对应关系,可以根据布拉格公式换算成矿物的晶面间距值。在布拉格公式 $2d\sin\theta=\lambda$ 中,当波长一定时,代入半衍射角就可以求出晶面间距值。由此可以看出,当波长为定值时,晶面间距也为定值,在应用中有时可以根据需要方便地将晶面间距和衍射角相互转换。衍射强度能够表征衍射晶面对入射波的反映情况,它是在吸收、散射以后的强度,不同的矿物对 X 射线的吸收和散射程度是不同的。衍射数据中,衍射强度一般用 I 表示,单位 CPS(Counts Per Second),即每秒计数管的计数量。衍射强度同衍射角一样,也是矿物晶体特征的反映。另外,衍射强度还可以用衍射峰面积来表示,并有不同的表示方法,可以用积分面积表示,也可以用半高宽与峰高的乘积来表示,不同的表示方法代表不同的意义,其应用有所区别。

由衍射数据得到的衍射图中,衍射峰具有位置、最大衍射强度、半高宽、衍射峰形态及衍射峰的对称性等五个基本要素。衍射峰的五个要素能从不同方面反映样品的晶体特征。

晶体 X 射线衍射分析,就是利用发射标识 X 射线照射晶体,产生晶格衍射,根据衍射特征来研究晶体特征与矿物种类。

对于土样样品的 X 射线研究,主要是应用粉末衍射仪进行衍射后,通过衍射峰要素的分析,测定样品的晶体特征,应用衍射结果来判断全岩矿物成分、分析相对含量、测定晶体特征等。

6.1.2　试样制备

本实验根据研究区地形地貌及现场踏勘选择 4 种试样,分别为大浪沙收费站附近、花海阀室、鲁克沁阀室以及七角井附近的试样。其中,鲁克沁阀室的地形地貌为湖湘沉积,七角井的为断陷盆地,大浪沙收费站及花海阀室的为山前冲积平原。

将原始沉积物土样(约 80～100 g)放入烘箱进行烘干,烘箱温度控制在 80 ℃,持续 8 h 后,将烘干土样取出。

将烘干后的试样分别放入研磨机中进行研磨,研磨一定时间后确认已基本研磨充分。

将研磨后的试样进行筛分,选用 300 目标准筛进行筛分,将粒级小于 300 目的土样收集保存做衍射实验。取得的样品应不小于 0.5 g。

本次制样过程中严格控制了仪器的清理环节,防止各试样间相互污染。

6.1.3　物相分析实验

任何一种物相都具有其特定的晶体结构(包括结构类型,晶胞的形状和大小,晶胞中原子、离子或分子的种类、位置和数目),在一定波长的 X 射线照射下,每种物相都具有与其一一对应的衍射谱(d-I/I_0 特征值),任何两种物相的衍射图谱不可能完全一致。当试样中存在两种或两种以上不同结构的物相时,每种物相所特有的衍射谱不变,多相试样的衍射谱是由它所含各种物相的衍射谱叠加而成。因此,当某一未知样品的衍射谱 d-I/I_0 值与一已知物相(M 相)的衍射谱 d-I/I_0 值吻合时,可以判定该未知物相为 M 相。

为完成物相分析,需要首先建立一套已知物相的衍射数据文件,Hanawalt(哈那瓦特)等于 1938 年第一次发起,以 d-I 数据组代替衍射谱,以此制备衍射数据卡片的工作。1942 年,美国材料实验协会(ASTM)发布了包含约 1 300 张衍射数据卡片,称 ASTM 卡片,之后这种卡片的数量不断增加。1969

年,成立了粉末衍射标准联合委员会(JCPDS),并负责编辑和出版粉末衍射卡片,现在由美国一非营利性公司 ICDD 负责衍射数据卡片的编辑工作。随着时代的发展,现在使用最多的是以光盘形式发行的 PDFx,其中最常用的是 PDF2 和 PDF4,PDF4 包含更多的物相信息,包括晶体结构图和电子衍射图片等。

6.1.4　物相分析结果

MDI Jade 是目前比较常见的 X 射线数据处理软件,通过实验数据处理、物相检索、图谱拟合、物相定性分析等功能,完成研究区盐渍土物质成分的分析。

本次 4 组试样数据遵循物相定性分析步骤进行了试样的定性分析,分析结果如图 6-1～图 6-4 所示。

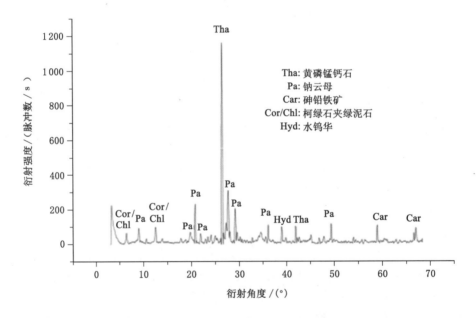

图 6-1　大浪沙收费站采样点试样定性分析结果

由图可知,本次 4 组实验成分如下:大浪沙收费站附近的物质成分主要为黄磷猛钙石、钠云母、砷铅铁矿、柯绿石夹绿泥石及水钨华;花海阀室的物质成分主要为石英、斜绿泥石、钠云母以及铁重钽铁矿;鲁克沁阀室的物质成分主要为磷铁铝矿、碳酸化合物、铋磷酸盐、碘酸镁锂、磷钨酸以及深黄铀矿;七角井的物质成分主要为石英、钙磷石、磷铁铝矿以及黄钡铀矿。

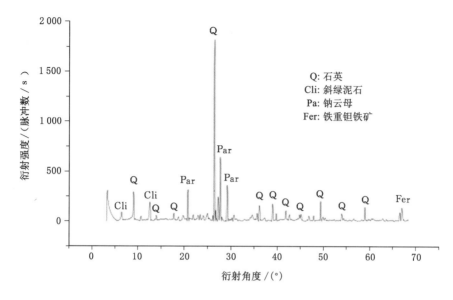

图 6-2　花海阀室采样点试样定性分析结果

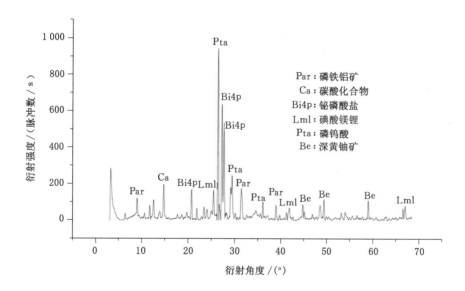

图 6-3　鲁克沁阀室采样点试样定性分析结果

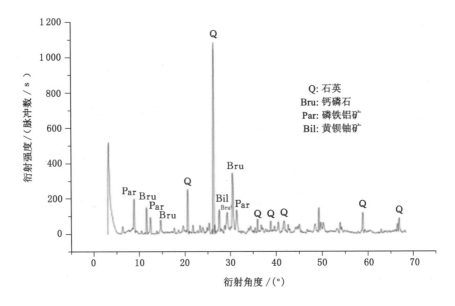

图 6-4　七角井采样点试样定性分析结果

6.2　盐渍土水盐运移规律

6.2.1　盐渍土水盐运移的主要影响因素

盐渍土的形成过程中,水作为盐分的溶剂和运输介质,对土壤盐渍化过程起着重要的作用。同时,土壤质地、剖面构造、土壤结构等对水盐运移也有重要的影响。

（1）气候条件

气候是影响盐渍土水盐运移的重要环境因素,不同气候条件下,会形成不同的水盐运移规律。如天山北麓,气候干燥少雨,春天雪水融化、地下水位上升,夏天干旱炎热、土壤强烈蒸发,促使土壤的盐渍化。相关资料表明,当潜水埋深小于毛细水上升最大高度时,土壤潜水蒸发过程与气温密切相关,土壤盐分变化也与潜水蒸发一致;而当潜水埋深大于毛细水上升最大高度时,其潜水蒸发量与气象因素无明显关系。

（2）地形地貌

天山北麓地势南高北低,从天山山脉向北分为山前冲洪积倾斜平原区和准噶尔冲积平原区。山前冲洪积倾斜平原区地势陡峭,坡降较大,地表和地下排水条件好,地下水埋深较大,土壤基本无盐渍化现象;准噶尔冲积平原区土质偏砂,地下径流较好,地表排水条件也较好。冲积扇扇缘多为浅平低洼地带,地势低平,地下水埋深浅,土壤盐渍化严重。

（3）土壤质地与土体构型

不同的土壤质地,发育有不同的毛细管性状,所以土壤质地决定了毛细水的上升高度和上升速度,直接影响了潜水的蒸发强烈程度和水盐运动的动态特征。根据毛细管理论,毛细水上升高度与毛细管半径成反比。但实际上,由于土粒间空隙的不规则性以及其他因素的干扰,毛细水上升高度常与理论计算的结果不符。

（4）地下水位

地下水位对土壤盐渍化的发生与演变有着重要影响。不同地下水的埋深,潜水蒸发的形式与蒸发量是不同的。在无侧向补给和开采的条件下,潜水蒸发量可采用阿维杨诺夫公式确定:

$$Q_e = c \cdot F \cdot E_{601} \tag{6-1}$$

式中　c——潜水蒸发系数;

　　　F——计算面积(10^6 m^2);

　　　E_{601}——水面蒸发量(10^{-3} m)。

上式表明,地下水埋深越大,潜水蒸发量越小。地下水位主要受降雨量和蒸发量、灌溉引水、排水量的影响,地下水位的升降与水的平衡状况基本保持一致。土中盐分的变化与地下水位的变化密切相关,当降雨时,地下水位被抬升,土中盐分被淋溶;而当潜水蒸发时,地下水位开始回降,土中的毛细水不断蒸发且开始积盐。地下水位回降得越慢,土中积盐就越多。当地下水位降至临界深度以下时,积盐停止。

6.2.2　水盐运移的形式

水盐运移是土中水分和盐分共同作用的结果,土中水分作为溶剂和运转剂,是盐分运动的基础,它的运动形式直接影响着盐分的运动。盐分在土中产生溶质势,反过来影响着水分的运动。因此,土中水分和盐分运动是相互联系、相互影响的。

管道沿线土壤中水盐运移情况对土壤含盐量影响较大,含盐量发生变化,盐渍土的工程特性则产生较大改变,其溶陷性、盐胀性和腐蚀性会因此产生变化。

6.3　盐渍土土柱毛细水上升高度实验

6.3.1　实验目的

研究区内盐渍土中盐分主要来源于矿化的地下水,而盐分是通过毛细水作用从地下带至地表的。毛细水是地基中水分补给的主要来源,水分直接浸湿软化地基土,是地基土体结构遭到破坏、强度降低的主要原因。其中的盐分又是地基产生盐胀变形的主要因素。含盐的地下水通过毛细管作用上升,在毛细管带范围内经过蒸发或降温盐分析出而产生盐渍土,而当地下水位低于临界深度时就不会产生盐渍土。毛细水上升最大高度与临界深度密切相关,因此,通过设计本实验来研究毛细水的最大上升高度、上升速度及迁移规律,以便研究盐胀治理的方法。

6.3.2 毛细水作用机理

在空气和水分界面上存在着表面张力,液体总是趋向于减小自身的表面积,使表面能减到最小。另外,毛细管管壁的分子与水分子相互吸引,这个引力使与管壁接触的水面向上弯曲,这称为浸润现象。在毛细管内的水柱,由于浸润现象使液面产生凹面,液面的表面积就增加,而水柱要降低表面自由能,减小表面积,使其自身升高,改变弯液面形状,但当水柱升高改变了弯液面的形状时,由于浸润现象的存在又使液面弯曲成凹面,这样周而复始,毛细管内的水柱逐渐上升,直到升高的水柱自重和水分子与管壁间的引力相等为止。

6.3.3 实验设计

实验主要研究不同土质中毛细水的迁移情况,采用直接观察法测定毛细水的最大上升高度。土样和砂样经过洗盐、自然风干及磨细、去杂等工序后,再按照实验的要求配制不同比例的土和砂,把不同比例的土和砂搅拌均匀,少量多次倒入实验仪器,用捣棒不断振捣以使其均匀密实。安装土柱时,为使整个土柱均匀,应分次分层等量填装土柱,每次填装高度应控制在 5 cm 左右,在每一层次填装完毕后,都把该层的表面刨毛,以保持层与层之间的连续,保障毛细水上升的连续性。注入水后立即观察水的上升高度,每天采集一组数据,直到读数基本稳定为止,观察时间都采用 20 天。

实验器材采用有机玻璃管、放水瓶、胶管和夹子等,实验原理如图 6-5 所示,当水经过胶管进入有机玻璃管后,从放水孔流出,使有机玻璃管中有稳定的水面,实验进行中应注意添加水(或盐水)。实验过程实拍图如图 6-6 所示。

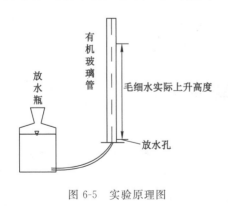

图 6-5　实验原理图　　　　　　　　　图 6-6　实验过程实拍图

6.3.4　实验结果分析

绘制各种土质毛细水上升高度与时间的关系曲线,并分别对绘制的毛细水上升高度与时间的关系曲线进行回归,得到回归方程:

$$H = At^B \tag{6-2}$$

式中　H——毛细水上升的高度,cm;

　　　t——时间,d;

　　　A、B——常数,与边界条件有关。

毛细水上升速度可以对式(6-2)求导而得,回归曲线可表示为:

$$v = ABt^{B-1} \tag{6-3}$$

(1)细砂中掺加不同比例的粉质黏土

第一批土柱含水量及配合比见表 6-1。毛细水上升高度与时间的关系曲线如图 6-7、图 6-8 所示。

表 6-1　第一批土柱含水量及配合比

编号	砂和土		水和盐
	粉质黏土含水量/%	配合比	
1#	8.9	纯细砂	纯水
2#	7.6	细砂+10%粉质黏土	纯水
3#	9.4	细砂+25%粉质黏土	纯水
4#	10.3	细砂+50%粉质黏土	纯水

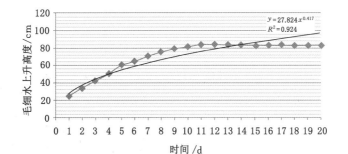

(a)

图 6-7　土柱 1#～4# 毛细水上升高度与时间的关系曲线图

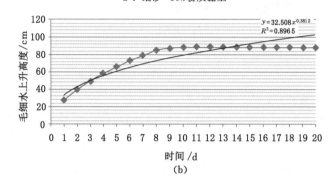

(b)

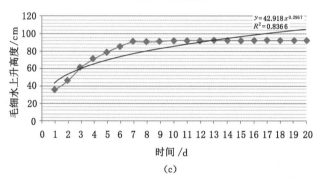

(c)

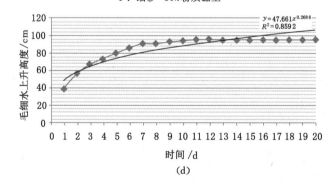

(d)

图 6-7(续)

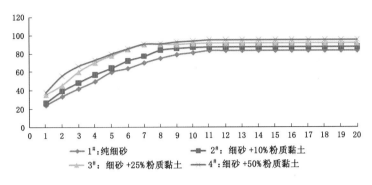

图 6-8　土柱 1#~4# 的关系曲线对比图

　　结果表明,不同土柱中毛细水上升高度随粉质黏土含量的不同而明显不同,粉质黏土含量越大,毛细水上升就越高。利用式(6-1)和式(6-2)分别对绘制的毛细水上升高度、速度与时间的关系曲线进行回归,上升高度回归曲线方程见表 6-2,上升速度回归曲线方程见表 6-3,毛细水最大上升高度见表 6-4。

表 6-2　土柱 1#~4# 毛细水上升高度与时间关系的回归方程

编号	回归方程	回归方差
1#	$H = 27.824t^{0.417}$	0.924
2#	$H = 32.508t^{0.381\,2}$	0.896 5
3#	$H = 42.918t^{0.295\,7}$	0.836 6
4#	$H = 47.661t^{0.268\,6}$	0.859 2

表 6-3　土柱 1#~4# 毛细水上升速度与时间关系的回归方程

编号	回归方程
1#	$v = 11.603t^{-0.583\,0}$
2#	$v = 12.392t^{-0.618\,8}$
3#	$v = 12.691t^{-0.704\,3}$
4#	$v = 12.801t^{-0.731\,4}$

表 6-4　土柱 1#~4# 毛细水上升最大高度

编号	最大高度/cm
1#	83.3
2#	87.5
3#	91.4
4#	95.2

　　土柱中毛细水最大上升高度与粉质黏土含量之间具有一定的曲线关系,再采用一元多项式回归的数学模型可以回归出粉质黏土的变化对毛细水上升高度的影响情况,回归曲线图如图 6-9 所示,其回归方程为:

$$y = -0.087\,6x^2 + 3.783\,1x + 22.996 \tag{6-4}$$
$$R^2 = 0.992\,7$$

式中　y——纯水毛细水上升高度,cm;

　　　x——粉质黏土含量,%。

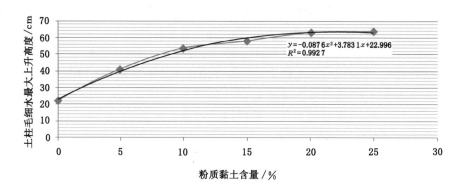

图 6-9　毛细水随粉质黏土含量的变化趋势图

　　实验结束后,在土柱中各高度取样,分别测试含水量沿土柱高度的分布,含水量从土柱由下向上呈线性递减趋势,如图 6-10 所示。

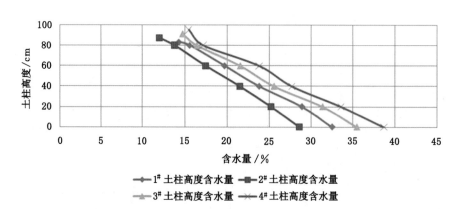

图 6-10　土柱 1#～4# 含水量随高度变化图

　　(2) 砂砾料掺加不同比例的粉土

第二批土柱含水量及配合比见表 6-5。土柱 5[#]～10[#] 的毛细水上升高度与时间的关系曲线如图 6-11、图 6-12 所示。

表 6-5　第二批土柱含水量及配合比

编号	砂和土		水和盐
	砂含水量/%	配合比	
5[#]	2	纯砂砾料	纯水
6[#]	2	砂＋5％粉土	纯水
7[#]	2	砂＋10％粉土	纯水
8[#]	2	砂＋15％粉土	纯水
9[#]	2	砂＋20％粉土	纯水
10[#]	2	砂＋25％粉土	纯水

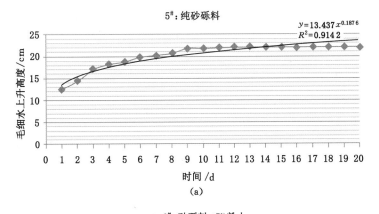

(a)

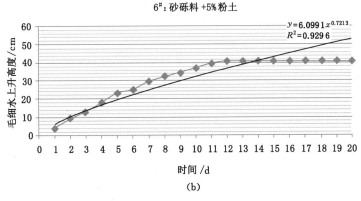

(b)

图 6-11　土柱 5[#]～10[#] 的毛细水上升高度与时间的关系曲线图

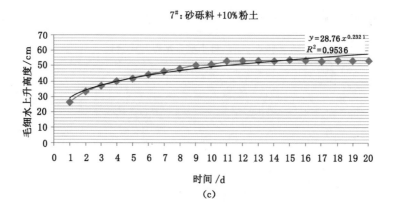

7#: 砂砾料 +10% 粉土

$$y = 28.76\,x^{0.232\,1}$$
$$R^2 = 0.953\,6$$

(c)

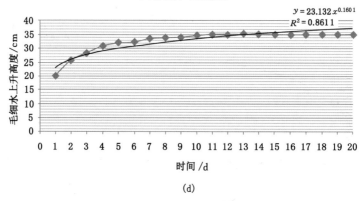

8#: 砂砾料 +15% 粉土

$$y = 23.132\,x^{0.160\,1}$$
$$R^2 = 0.861\,1$$

(d)

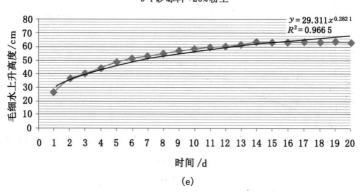

9#: 砂砾料 +20% 粉土

$$y = 29.311\,x^{0.282\,1}$$
$$R^2 = 0.966\,5$$

(e)

图 6-11(续)

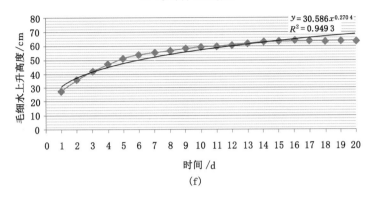

(f)

图 6-11(续)

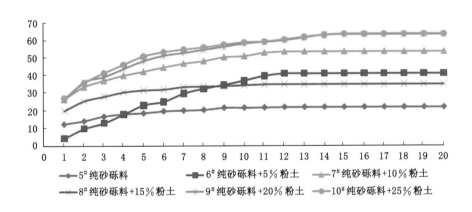

图 6-12　土柱 5$^{\#}$～10$^{\#}$ 的关系曲线对比图

结果表明,含粉土量多的土柱毛细水上升的速度要比含粉土少的快,10 天之后都趋于稳定,毛细水的最大上升高度也随粉土含量的增大而增大。第二批的实验结果和第一批相比较,毛细水上升的最大高度明显低很多,这是因为砂砾料的粒径比细砂的大,毛细管半径就大,根据式(6-1)可得,毛细管半径越大,毛细水上升高度越小。利用式(6-3)和式(6-4)分别对绘制的毛细水上升高度、速度与时间的关系曲线进行回归,上升高度回归曲线方程见表 6-6,上升速度回归曲线方程见表 6-7,毛细水上升最大高度见表 6-8。

表 6-6 土柱 5#~10# 毛细水上升高度与时间的关系回归方程

编号	回归方程	回归方差
5#	$H = 13.437t^{0.187\,6}$	0.914 2
6#	$H = 6.0991t^{0.721\,3}$	0.929 6
7#	$H = 28.76t^{0.232\,1}$	0.953 6
8#	$H = 23.132t^{0.160\,1}$	0.861 1
9#	$H = 29.311t^{0.282\,1}$	0.966 5
10#	$H = 30.586t^{0.270\,4}$	0.949 3

表 6-7 土柱 5#~10# 毛细水上升速度与时间关系回归方程

编号	回归方程
5#	$v = 2.521t^{-0.812\,4}$
6#	$v = 4.399t^{-0.278\,7}$
7#	$v = 6.652t^{-0.767\,9}$
8#	$v = 3.703t^{-0.839\,9}$
9#	$v = 8.269t^{-0.717\,9}$
10#	$v = 8.271t^{-0.729\,6}$

表 6-8 土柱 5#~10# 毛细水上升最大高度

编号	最大高度/cm
5#	22
6#	41
7#	53.5
8#	35
9#	63.2
10#	63.5

土柱毛细水的最大上升高度与粉土的含量近似呈线性关系(图 6-13),采用线性模型可以回归出粉土含量的变化对毛细水上升高度的影响情况。其回归方程为:

$$y = 2.207\,4x + 21.924 \tag{6-5}$$
$$R^2 = 0.982\,7$$

(3) 含 Na_2SO_4 的盐水

第三批土柱含水量及配合比见表 6-9,土柱 11#~16# 的毛细水上升高度与

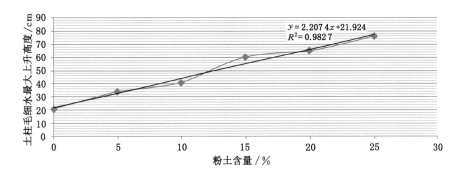

图 6-13　毛细水上升高度随粉土含量变化趋势图

时间的关系曲线如图 6-14、图 6-15 所示。

表 6-9　第三批土柱含水量及配合比

编号	砂和土		
	砂含水量/%	配合比	水和盐
11#	2	纯砂	5%盐水
12#	2	砂+5%粉土	5%盐水
13#	2	砂+10%粉土	5%盐水
14#	2	砂+15%粉土	5%盐水
15#	2	砂+20%粉土	5%盐水
16#	2	砂+25%粉土	5%盐水

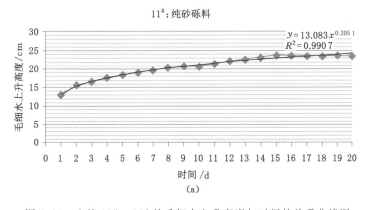

(a)

图 6-14　土柱 11#～16# 的毛细水上升高度与时间的关系曲线图

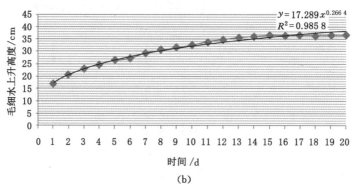

$y = 17.289 x^{0.266\,4}$
$R^2 = 0.985\,8$

(b)

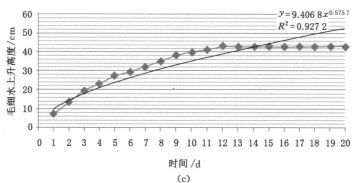

$y = 9.406\,8 x^{0.575\,7}$
$R^2 = 0.927\,2$

(c)

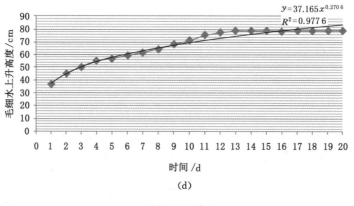

$y = 37.165 x^{0.270\,6}$
$R^2 = 0.977\,6$

(d)

图 6-14(续)

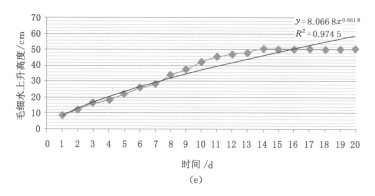

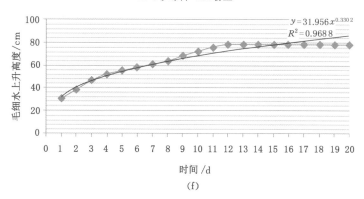

图 6-14（续）

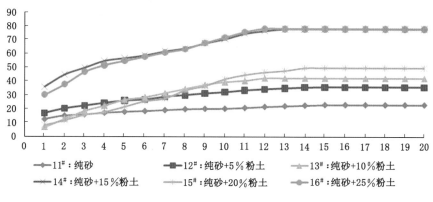

图 6-15　土柱 11# ~16# 的关系曲线图对比图

结果表明,含粉土量多的盐水上升的速度要快,11 天之后趋于稳定。对比第三批与第二批的实验结果,在相同配合比的两土柱中,盐水上升的高度要低,这是由于无机盐属于表面非活性物质,溶液浓度的增大将促使毛细水上升高度降低。利用式(6-2)和式(6-3)分别对绘制的毛细水上升高度、速度与时间的关系曲线进行回归,上升高度回归曲线方程见表 6-10,上升速度回归曲线方程见表 6-11,毛细水上升最大高度见表 6-12。

表 6-10 土柱 11#~16# 毛细水上升高度与时间的关系回归方程

编号	回归方程	回归方差
11#	$H = 13.083t^{0.205\,1}$	0.990 7
12#	$H = 17.289t^{0.266\,4}$	0.985 8
13#	$H = 9.406\,8t^{0.575\,7}$	0.927 2
14#	$H = 37.165t^{0.270\,6}$	0.977 6
15#	$H = 8.066\,8t^{0.661\,8}$	0.974 5
16#	$H = 31.956t^{0.330\,2}$	0.968 8

表 6-11 土柱 11#~16# 毛细水上升速度与时间关系回归方程

编号	回归方程
11#	$v = 2.683t^{-0.794\,9}$
12#	$v = 4.606t^{-0.733\,6}$
13#	$v = 5.415t^{-0.424\,3}$
14#	$v = 10.057t^{-0.729\,4}$
15#	$v = 5.339t^{-0.338\,2}$
16#	$v = 10.552t^{-0.669\,8}$

表 6-12 土柱 11#~16# 毛细水上升最大高度

编号	最大高度/cm
11#	18.4
12#	31.3
13#	37.8
14#	70.6
15#	45.1
16#	73.4

采用一元多项式数学模型,可以回归出粉土含量的变化对盐水上升高度的影响情况。其回归方程为:

$$y = -0.081\ 4x^2 + 4.427\ 6x + 15.315 \qquad (6\text{-}6)$$
$$R^2 = 0.956\ 3$$

毛细水上升最大高度与粉土含量呈曲线关系,如图 6-16 所示。

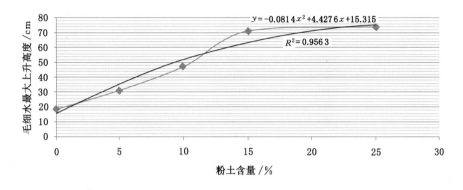

图 6-16　盐水毛细水上升高度随粉土含量变化趋势图

结果表明,毛细水的最大上升高度与粉黏粒含量有一定的对应关系,即细颗粒的粉黏粒含量越大,毛细水的最大上升高度越高。

6.4　研究区盐渍土盐胀性及盐胀等级判别

盐渍土的盐胀与一般膨胀土的膨胀机理不同。一般膨胀土的膨胀主要是由于土中黏土矿物吸水后导致土体膨胀;而盐渍土的膨胀,有的也是由于吸水产生膨胀,但主要是由失水或因温度降低导致盐类的结晶膨胀。研究表明,很多盐类在结晶时都具有一定的膨胀性,土中主要盐类结晶后的膨胀量可见表 6-13。

表 6-13　各种盐类吸水结晶后的体积膨胀

盐类吸水结晶	$\Delta V / \%$
$CaCl_2 \cdot 2H_2O \longrightarrow CaCl_2 \cdot 4H_2O$	35
$CaCl_2 \cdot 4H_2O \longrightarrow CaCl_2 \cdot 6H_2O$	24
$MgSO_4 \cdot H_2O \longrightarrow MgSO_4 \cdot 6H_2O$	145
$MgSO_4 \cdot 6H_2O \longrightarrow MgSO_4 \cdot 7H_2O$	11
$Na_2CO_3 \cdot H_2O \longrightarrow Na_2CO_3 \cdot 10H_2O$	148
$NaCl \longrightarrow NaCl \cdot 2H_2O$	130
$Na_2SO_4 \longrightarrow Na_2SO_4 \cdot 10H_2O$	311

由表 6-13 可知，Na_2SO_4 的结晶膨胀量最大。因此，硫酸盐渍土的膨胀实质上是由于土中的硫酸钠吸水结晶造成的。研究表明，当土中硫酸钠含量达到某一值时，在低温或当土中含水量下降时，硫酸钠会结晶产生体积膨胀。对无上覆压力的地面或路基来说，盐胀高度一般可达数十毫米，甚至超过几百毫米，这是盐渍土地区地面破坏的主要工程问题。

6.4.1 盐胀实验

盐渍土场地受到的主要危害是盐胀，我国的学者陈肖柏等研究了甘肃两种重盐土(黏土和壤土)在温度变化过程中的性质，从而得出结论：易溶盐向土体冷端迁移，土壤溶液中的硫酸钠成水和芒硝析出，因而土体膨胀，膨胀率随降温速率、上覆荷载、土的初始密度的改变而变化。在温度反复升降过程中，盐胀量逐渐积累；吴青柏专门研究了含有硫酸钠的粗粒土的盐胀特性，结论是：粗粒土不具有强烈盐胀特性，然而粗粒土一旦形成硫酸钠盐聚积层后遇水会发生破坏性盐胀。新疆地区主要以硫酸盐渍土和氯盐渍土为主，因此实验以硫酸盐渍土为例。

本次土样取自从新疆所采集的样本(粉质黏土)，天然含水率为 8.4%，比重为 2.69，液限为 22.6%，塑限为 12.0%，塑性指数为 10.6，液性指数小于 0。在实验之前一定要风干、碾散土样。

实验方法：压实度、含盐量一定的情况下，对盐渍土施加不同程度等级的荷载，前提条件是在浸水充分条件下进行，研究盐渍土的盐胀特性以及荷载对盐胀的抑制效果。实验中压实度分别设定为 90%、95% 和 98%；竖向荷载取 0 kPa、25 kPa、50 kPa、100 kPa 和 150 kPa。针对弱盐渍土、中盐渍土、强盐渍土、过盐渍土等 4 类硫酸盐渍土的含盐量，配置 4 种含量的无水硫酸钠分别为 0.5%、1%、2%、4%。

使用的主要仪器有：仪器膨胀仪，其环刀内径为 61.8 mm、高位 20 mm；中压式固结仪，其环刀内径为 61.8 mm、高位 20 mm；百分表、电子天平、环境箱、烘箱、秒表等。

实验步骤：实验期初，将湿润的透水石置于膨胀仪的底座中，将环刀钝口端旋在底座上，使试样底面与透水石顶面接触，将承载板放在试样顶面上，对准承载板中心，将百分表装好并记录百分表初始读数，然后放到水中。之后将纯水注入盆中，使水面与试样底面齐平，记下开始的注水时间，间隔一定时间记录百分读数，直至不再膨胀。结束后测土样密度及含水量。

6.4.2 击实实验

将原土试样按照含盐量 0、0.5%、1%、2%、4% 掺入无水硫酸钠粉末，搅拌均匀。把每种土样分别配置含水率为 11%、13%、15%、17%、19% 的 5 个样品，密封静置 24 h。然后按照重型击实标准分 5 层击实,每层击 27 下,最终由击实曲线可得最佳含水率与最大干密度,见表 6-14。

表 6-14　不同含盐量的硫酸盐渍土的最佳含水率与最大干密度

含盐量/%	最佳含水率/%	最大干密度/(kN/m³)
0	14.5	18.42
0.5	14.7	18.19
1	14.8	18.09
2	15	17.85
4	15.1	17.75

此处要排除初始含水率的影响,试样含水率都是按照 14.5% 制成,用塑料薄膜密封住,静置 24 h 后可使土样水分充分均匀。

6.4.3　实验结果及分析

对不同压实度(90%、95%、98%)、不同含盐量(0、0.5%、1%、2%、4%)的盐渍土在不同荷载(0 kPa、25 kPa、50 kPa、100 kPa、150 kPa)下共做 60 组盐胀实验,其结果见表 6-15。

表 6-15　各个荷载下的盐胀实验数据

含盐量	压实度	盐胀率/%				
		0 kPa	25 kPa	50 kPa	100 kPa	150 kPa
0.5%	90%	20.8	5.7	3.5	2.5	1.2
	95%	22.0	6.6	3.7	2.8	1.4
	98%	26.5	6.8	4.1	3.0	1.6
1%	90%	26.3	6.7	4.1	2.6	1.5
	95%	28.1	8.3	4.3	2.8	2.1
	98%	29.5	8.6	5.0	3.3	2.3
2%	90%	34.5	7.5	5.3	2.9	1.7
	95%	36.8	8.8	5.6	3.6	2.8
	98%	37.2	9.7	6.6	5.0	3.4
4%	90%	37.5	8.9	5.6	2.9	1.8
	95%	38.6	11.6	7.4	1.3	3.0
	98%	40.9	13.2	9.1	6.4	

由表 6-15 可以看出,荷载越大,盐胀率越小,荷载对盐胀率有抑制作用。以含盐量 1% 为例,压实度 90%、95%、98% 的 0 kPa 荷载盐胀率为 26.3%、28.1%、29.5%,当荷载增大时盐胀率就会逐渐减小。在荷载 150 kPa 的作用下,盐胀率分别为 1.5%、2.1%、2.3%。但是,当含盐量不变的情况下,盐胀量随压实度的增加而增加。

用软件对数据进行分析,对盐胀率与荷载的关系进行拟合,其方程(表 6-16)如下,其中 y 为盐胀率,x 为荷载应力,单位为 kPa。

表 6-16　盐胀率与荷载的回归方程

含盐量	压实度	回归方程	相关系数
0.5%	90%	$y=0.020\ 2+0.187e^{-0.062\ 1x}$	$R^2=0.989\ 8$
	95%	$y=0.022\ 0+0.208e^{-0.060\ 1x}$	$R^2=0.986\ 4$
	98%	$y=0.024\ 8+0.220e^{-0.062\ 4x}$	$R^2=0.997\ 6$
1%	90%	$y=0.023\ 0+0.240e^{-0.064\ 8x}$	$R^2=0.984\ 5$
	95%	$y=0.025\ 2+0.256e^{-0.058\ 2x}$	$R^2=0.984\ 2$
	98%	$y=0.029\ 7+0.265e^{-0.059\ 7x}$	$R^2=0.959\ 8$
2%	90%	$y=0.028\ 5+0.316e^{-0.072\ 4x}$	$R^2=0.994\ 9$
	95%	$y=0.035\ 6+0.332e^{-0.071\ 1x}$	$R^2=0.982\ 6$
	98%	$y=0.045\ 6+0.326e^{-0.071\ 1x}$	$R^2=0.984\ 5$
4%	90%	$y=0.028\ 1+0.346e^{-0.065\ 9x}$	$R^2=0.993\ 2$
	95%	$y=0.040\ 0+0.345e^{-0.057\ 0x}$	$R^2=0.991\ 8$
	98%	$y=0.062\ 4+0.346e^{-0.061\ 2x}$	$R^2=0.975\ 9$

对回归方程进行整理,得到统一的表达式为:

$$y=k_1+k_2\times k_3^{-x} \tag{6-7}$$

计算可得 $k_3\approx1.066$,因此认为 k_3 是与压实度和含盐量无关的常数。

分析 k_1 与含盐量及压实度的关系曲线,如图 6-17 所示,可知 k_1 与含盐量有关,拟合函数为:

$$k_1=(9.137n-8)m+0.027\ 7n-0.005\ 6 \tag{6-8}$$

式中,m 为含盐量;n 为压实度。

再分析 k_2,得到 k_2 与含盐量的关系曲线,如图 6-18 所示。

由图可以看出,不同压实度时差别不是很明显,可近似用式(6-9)表示:

$$k_2=n(-195.66m^2+13m+0.16) \tag{6-9}$$

经上述分析,可以得到能够确定盐胀率的三个因素:压实度、含盐量及荷载,

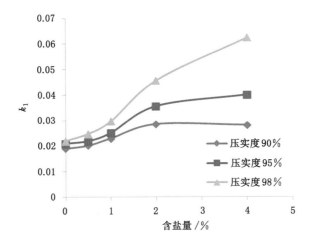

图 6-17　k_1 与含盐量的关系曲线

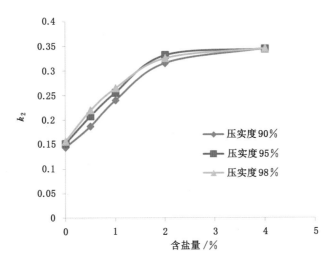

图 6-18　k_2 与含盐量的关系曲线

用公式可表示为：

$$\begin{cases} y = k_1 + k_2 \times k_3{}^{-x} \\ k_1 = (9.137n - 8)m + 0.027\ 7n - 0.005\ 6 \\ k_2 = n(-195.66m^2 + 13m + 0.16) \\ k_3 \approx 1.066 \end{cases} \qquad (6\text{-}10)$$

6.4.4 盐胀等级判别

通过式(6-10)可以对不同含盐量、不同压实度情况下的盐渍土盐胀率进行评估。比如在含盐量及压实度确定的情况下,可以得出能够抑制研究区盐渍土盐胀所需的最小荷载。结合前面章节提到的研究区典型地区的总含盐量,在压实度为90%及荷载为0 kPa的情况下计算得出:鲁克沁阀室的盐胀率为26.72%,哈密研究地区(具体坐标前文已列出)的盐胀率为29.15%,七角井研究地区的盐胀率为30.78%,木垒研究地区的盐胀率为35.20%。而根据《盐渍土地区公路设计及施工指南》中盐渍土盐胀性分类的标准(表6-17),可得研究区盐胀特性在压实度为90%及荷载为0 kPa的情况下均为强盐胀性。

表 6-17 盐渍土盐胀性分类

盐渍土盐胀性分类	非盐胀性	弱盐胀性	中盐胀性	强盐胀性
盐渍土分级	I	II	III	IV
盐胀率 η/%	$\eta \leqslant 1$	$1 < \eta \leqslant 2$	$2 < \eta \leqslant 4$	$\eta > 4$

当含盐量与压实度一定的情况下,可调整荷载以满足研究区能够抑制盐胀所需的最小荷载,也可以在含盐量与荷载一定的情况下调整压实度。由上文可知,压实度越大,盐胀率越大。最终根据实验数据、结果以及总结对研究区做盐胀等级判别,研究区管线沿线主要地区盐渍土盐胀性均为强盐胀性。

6.5 本章小结

本章主要就毛细水上升实验和盐胀实验(包括实验方案、实验仪器以及实验成果与分析)进行阐述。实验结果表明,毛细水的最大上升高度与粉黏粒含量有一定的对应关系,即细颗粒的粉黏粒含量越大,毛细水的最大上升高度越高。在相同条件下,土柱中盐水的上升高度比纯水的低。做完实验后,发现在土柱中含水量由下而上呈递减的趋势。

16#实验的毛细水最大上升高度为73.4 cm,对比实验结果,其土柱的配合比比较接近现场所取的土样。因此,根据此毛细水最大上升高度,可以确定该地区由地下水引起土壤盐渍化的地下水临界深度。

管道沿线土中 Na_2SO_4 的含量小于1%,管道埋置深度内不存在盐胀的先决条件,可以不考虑土壤对管道的盐胀性危害。根据含盐量分析和区域资料可以看出,在研究区 0～0.5 m 的深度内的土中硫酸钠含量大部分在 1％以下,少部分亦接近 1％,因此可以判断,管道埋置深度内不存在盐胀的先决条件,可以不考虑土壤对管道的盐胀性危害。

第7章　模拟盐渍土对 X80 钢的腐蚀行为研究

7.1　实验目的

目前,盐渍土土壤腐蚀已成为威胁管道安全运行的一个重要因素,也是导致管道产生腐蚀穿孔破坏的一个主要原因,埋地油气输送管道由于长期与各种不同类型的盐渍土土壤接触而遭受着不同程度的腐蚀,因此土壤环境中的材料腐蚀问题已成为地下工程应用急需解决的一个实际问题。我国在"西气东输"二线工程中首次使用了 X80 级钢管,随着 X80 管线钢应用越来越多,这些管道一旦发生腐蚀破坏,就会造成重大的损失。由于 X80 管线钢刚开始投入使用,对其在不同服役条件下的耐腐蚀性能方面的研究还基本处于起步阶段,因此,研究 X80 钢管遭受盐渍土土壤腐蚀而产生的破坏,是很有必要的。

目前国内外主要对 X80 管线钢的应力腐蚀开裂行为进行了研究,但针对 X80 管线钢在我国实际土壤环境中耐腐蚀性能的研究还未见报道。我国西部盐渍土地区土壤溶液呈碱性,且含盐量较高,对材料的腐蚀性极大,是管线钢最可能发生腐蚀的土壤环境之一。本实验采用失重法,结合扫描电镜表面分析方法,研究了 X80 管线钢在盐渍土模拟溶液中的腐蚀行为。

7.2　实验方法

用盐渍土溶液模拟盐渍土土壤环境,暂不考虑温度、湿度、导电率和土壤环境等因素对管道的影响。新疆煤制气管线沿途经过大片盐渍土地区,由于盐渍土含盐量较高,输气管道与盐渍土直接接触,因此会产生较强的化学腐蚀,这个过程虽然缓慢,但是研究其腐蚀形态和速率也能够为管线埋设和运营提供一定的依据。金属在土壤中的腐蚀与在电解液中腐蚀类似,大多数属于电化学腐蚀。金属自身的物理、化学、力学性质的不均一性以及土壤介质的物理化学性质的不均匀性,是在土壤中形成腐蚀电池的两个主要原因。

　　由于 X80 钢广泛应用于输油气管线工程,因此实验材料为 X80 管线钢,其化学成分(质量分数/%)为 0.043C、1.87Mn、0.23Si、0.01P、0.002 8S、0.025Cr、0.06Nb、0.23Ni、0.006V、0.017Ti、0.13Cu、0.001 1B、0.042Al;其室温力学性能:抗拉强度 703 MPa,屈服强度 664 MPa,屈强比 0.94,伸长率 26%,将试样加工成尺寸为 40 mm×20 mm×20 mm 大小,用于失重实验和腐蚀形貌观察。

　　对 X80 钢块试样(40 mm×20 mm×20 mm)进行模拟土壤溶液浸泡实验。实验前,用 SiC 砂纸逐级打磨,然后用丙酮、无水乙醇除油,用去离子水清洗后吹干待用。分别于 10 d、20 d、30 d、40 d、50 d、60 d 取出平行试样,采用失重法计算腐蚀速率。采用 FEI-Quanta TM250 型电子扫描显微镜对经 30 d、60 d 浸泡后试样去除腐蚀产物层后的表面形貌进行了观察。

　　选取管线沿线新疆境内的本次取样的盐渍土的测试分析结果,根据盐渍土相关规范,将其划分为超强、强、中、弱四种,得到沿线符合条件的十个取样点,见表 7-1。依据主要理化数据得到的模拟溶液成分用分析纯 NaCl、Na_2SO_4、$NaHCO_3$ 及去离子水配制,将 X80 管线钢挂在上述模拟溶液中分别浸泡 30 d、60 d。

表 7-1　模拟溶液主要易溶盐及离子含量

盐渍土类型		Cl^- /(mmol/kg±)	SO_4^{2-} /(mmol/kg±)	CO_3^{2-} /(mmol/kg±)	HCO_3^- /(mmol/kg±)	易溶盐总量 /(mg/kg±)
A	超强氯	1 840.00	137.92	0.00	3.50	12.68
B	强 亚硫酸	171.50	116.81	1.00	3.20	2.68
		120.80	116.81	0.00	4.00	2.58
	氯	707.50	91.15	0.00	3.40	5.59
C	中 亚硫酸	60.50	48.42	0.00	5.00	1.68
		29.90	48.42	0.00	4.90	0.74
	亚氯	333.00	76.34	0.50	4.00	3.44
		79.00	76.34	0.00	4.51	1.04
	氯	554.50	28.22	0.00	2.90	3.77
		49.65	28.22	0.00	3.50	3.48
D	弱 亚硫酸	26.00	13.84	0.00	3.20	0.41
		12.50	13.84	0.00	3.40	0.33
	氯	93.50	16.07	0.00	2.80	0.91
		74.80	16.07	0.00	3.50	0.69

在正交实验设计中代表四个水平。取沿线符合条件的十个取样点,依据主要理化数据配制模拟溶液成分,用盐渍土溶液模拟盐渍土壤环境,暂不考虑温度、湿度、导电率和土壤环境等因素对管道的影响。用分析纯 $NaCl$、Na_2SO_4、$NaHCO_3$ 及去离子水配制,将 X80 管线钢试样放入上述模拟溶液中分别浸泡 30 d、60 d。正交实验设计见表 7-2。

表 7-2 正交实验设计表

条件水平	A	B			C						D			
	1	2	3	4	5	6	7	8	9	10	11	12	13	14
20°	一、1	一、2	一、3	一、4	一、5	一、6	一、7	一、8	一、9	一、10	一、11	一、12	一、13	一、14
30°	二、1	二、2	二、3	二、4	二、5	二、6	二、7	二、8	二、9	二、10	二、11	二、12	二、13	二、14
30 d	三、1	三、2	三、3	三、4	三、5	三、6	三、7	三、8	三、9	三、10	三、11	三、12	三、13	三、14
60 d	四、1	四、2	四、3	四、4	四、5	四、6	四、7	四、8	四、9	四、10	四、11	四、12	四、13	四、14

将 X80 钢块试样(40 mm×20 mm×20 mm)进行模拟土壤溶液浸泡实验。实验前,用 SiC 砂纸逐级打磨,然后用丙酮、无水乙醇除油,用去离子水清洗后吹干待用。模拟管道实际可能所处的两个温度(20 ℃、30 ℃),考虑 X80 钢在 30 d、60 d 的腐蚀形貌,设置 2×2＝4(组),每组 14 个烧杯(图 7-1)。

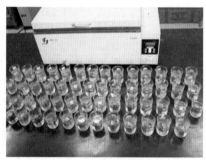

(a) 水浴锅　　　　　　　　　　(b) 烧杯

图 7-1　实验准备

分别于 10 d、20 d、30 d、40 d、50 d、60 d 取出平行试样,采用失重法计算腐蚀速率。采用 FEI-Quanta TM250 型电子扫描显微镜对经 30 d、60 d 浸泡后试样去除腐蚀产物层后的表面形貌进行了观察。

7.3　实验现象及腐蚀形貌

观察 X80 钢试样在模拟溶液中的腐蚀情况,腐蚀 10 d,已经能明显看到烧杯内模拟溶液中的钢块表面产生黄褐色雾状物质,并向四周慢慢扩散,如图 7-2 所示。

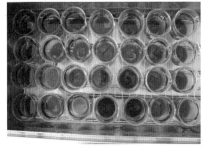

图 7-2　10 d 后第一、三和二、四对照组

观察 X80 钢试样在模拟溶液中的腐蚀情况,发现 X80 钢试样表面最外层形成了一层疏松多孔的黄棕色产物层,大部分位置的外层产物层已经脱落进入溶液中,裸露出内层的黑色致密产物层,如图 7-3 所示。

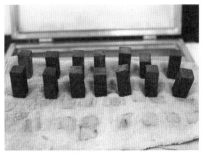

图 7-3　宏观腐蚀形貌

将试样放入无水乙醇中清洗,利用超声波清除腐蚀产物,然后使用 FEI-Quanta TM250 型电子扫描显微镜对去除腐蚀产物层后的表面形貌进行了观察(图 7-4)。

分析可知,X80 管线钢在盐渍土模拟溶液中腐蚀 30 d 后,其表面已被腐蚀产物完全覆盖,可以从图片中观察到试样表面不仅有均匀的腐蚀表面,而且还有较明显的大块坑蚀。腐蚀产物呈现致密的层状结构附着于钢块表面,产物主要

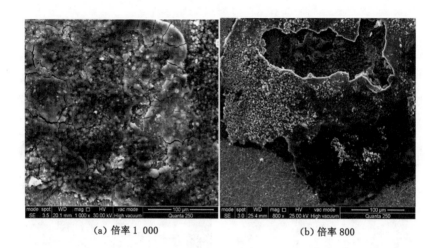

(a) 倍率 1 000　　　　　　　　　　　　(b) 倍率 800

图 7-4　微观腐蚀形貌

有两层,位于里边的一层和钢块基体紧密结合,均匀且致密;位于外层的产物则是团簇状、厚度比较均匀且呈粒状分布,并且表面产生了不规则的裂隙。

X80 管线钢在 3 000 倍放大倍率下能看到大量凹凸不平的腐蚀坑,而且腐蚀坑有良好的发育,把它进行局部放大(图 7-5),再进行观察,发现腐蚀坑孔蚀深度较大,伴随着部分点蚀,呈类似蜂窝状的结构,周围也有大量深深浅浅的小凹坑,对试样产生了较为严重的破坏。

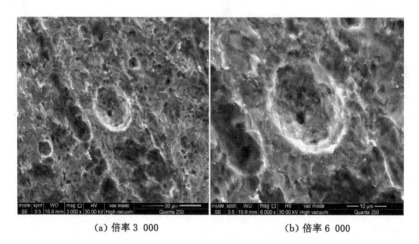

(a) 倍率 3 000　　　　　　　　　　　　(b) 倍率 6 000

图 7-5　微观腐蚀形貌

点蚀是由于钢表面微小"锈孔"的迅猛增加,是造成钢体受到大规模腐蚀的原因。腐蚀物浓度或温度的微小变化,就能显著加快腐蚀速度。点状腐蚀的迅速出现,是由于金属表面亚稳定状态的微孔迅速增生的缘故。在真正的点蚀发生前,不锈钢表面保护性的氧化层中先形成直径几个微米、呈亚稳定状态的微型凹陷,尽管此前科学家们对这种凹陷形成过程进行了大量的研究,但点蚀的突然出现迄今尚无法解释。不锈钢点蚀是一种很危险的局部腐蚀,多发生在含有氯、溴、碘等的水溶液中,产生小孔然后急剧进行腐蚀的现象,严重时会穿透钢板,一般不能以质量减少多少来评价其腐蚀程度。易产生点蚀的金属为具有自钝化性能的金属或合金,碳钢在表面有氧化皮或锈层有孔隙的情况下易产生点蚀。易产生点蚀的介质为含氯离子介质。基于此,只有尽量保护管道表面的防护层不受破坏,减少盐渍土土壤与管道钢表面的直接接触机会,另外在管道表面多防护几层,才能增加其安全性。

7.4　试样腐蚀结果分析

7.4.1　平均腐蚀速率

采用失重法对分别于不同时间段从模拟溶液中取出的第一、二组(20 ℃)、第三、四组(30 ℃)的平行试样进行腐蚀速率计算,将腐蚀速率绘制成柱状图和折线图,如图 7-6 和图 7-7 所示(纵坐标为腐蚀速率,单位 mm/a)。可以看出,模拟溶液对 X80 管线钢的平均腐蚀速率较快,表明其遭受了严重的腐蚀。

在不同的浸泡期内,X80 钢试样的腐蚀速率随着时间增长而逐渐减小:第一组的腐蚀速率要比第三组的腐蚀速率小,第二组的腐蚀速率要比第四组的腐蚀速率小,即提高温度可以加快 X80 钢的腐蚀速率。本实验用模拟盐渍土溶液进行了 X80 管线钢的室内腐蚀性行为研究,得到以下结论:X80 钢在盐渍土模拟溶液中发生了严重的全面腐蚀,伴随着局部位置的点蚀;四组试样几乎都在腐蚀初期产生了最大腐蚀速率 0.06 mm/a;温度升高,可以加快腐蚀速率,随着腐蚀时间的延长,模拟溶液对 X80 钢的腐蚀速率会逐渐下降。

7.4.2　腐蚀影响因素

实验设计中的四个水平 A、B、C 和 D(分别代表超强、强、中和弱盐渍土模拟溶液),利用失重法分别计算得到四个水平条件下 X80 试样钢的腐蚀速率,见表 7-3。

腐蚀速率 /（mm/a）	10 d	20 d	30 d
第一组	0.051	0.047	0.044
第三组	0.059	0.056	0.052

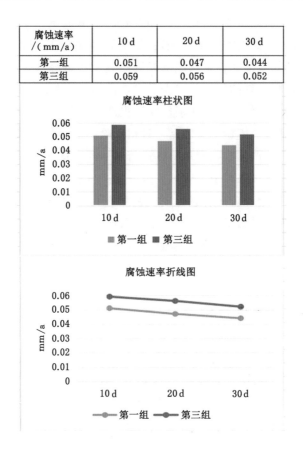

图 7-6　30 d 的腐蚀速率

表 7-3　四个水平条件下的平均腐蚀速率表

水平	周期/d					
	10	20	30	40	50	60
	腐蚀速率/（mm/a）					
A	0.12	0.116	0.108	0.098	0.092	0.088
B	0.095	0.091	0.085	0.079	0.074	0.068
C	0.058	0.052	0.049	0.047	0.046	0.044
D	0.047	0.042	0.038	0.036	0.034	0.028

绘制成折线图如图 7-8 所示。

分析可知，试样在不同水平的盐渍土模拟溶液中会产生不同的腐蚀速率，且

腐蚀速率 /（mm/a）	40 d	50 d	60 d
第二组	0.037	0.034	0.031
第四组	0.047	0.043	0.039

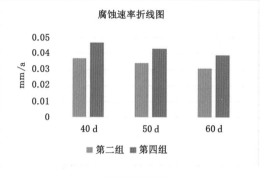

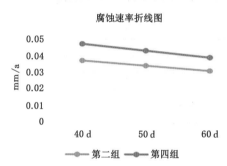

图 7-7　60 d 的腐蚀速率

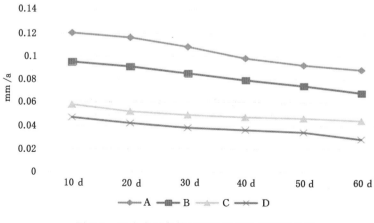

图 7-8　四个水平条件下的平均腐蚀速率折线图

平均腐蚀速率 A>B>C>D,四个水平下的腐蚀速率都在实验初期产生了最大值,而且随着浸泡时间的延长,各个水平的腐蚀速率逐渐降低。总体来讲,试样 X80 钢在超强盐渍土模拟溶液中的腐蚀速率最大,而在弱盐渍土模拟溶液中的腐蚀速率最小。

实验设置 20 ℃和 30 ℃两个温度,主要分析(亚)氯盐渍土、(亚)硫酸盐渍土分别在两种温度下的腐蚀规律,见表 7-4。

表 7-4 20 ℃和 30 ℃条件下的平均腐蚀速率表

温度	类别	周期/d					
		10	20	30	40	50	60
		腐蚀速率/(mm/a)					
20 ℃	(亚)硫酸盐渍土	0.051	0.046	0.043	0.036	0.035	0.03
	(亚)氯盐渍土	0.056	0.052	0.049	0.046	0.042	0.028
30 ℃	(亚)硫酸盐渍土	0.062	0.057	0.051	0.047	0.044	0.041
	(亚)氯盐渍土	0.063	0.061	0.059	0.058	0.056	0.054

绘制成折线图如图 7-9 所示。

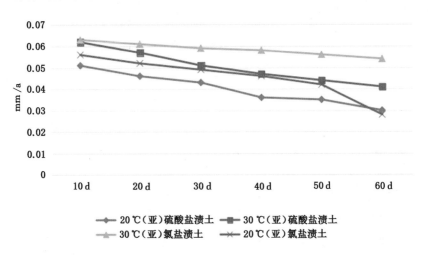

图 7-9 20 ℃和 30 ℃条件下的平均腐蚀速率折线图

分析可知,适当升高温度,可以提高模拟溶液对 X80 钢的腐蚀速率;两种温度下,试样在氯盐渍土模拟溶液中产生的腐蚀速率要大于在硫酸盐渍土模拟溶液中产生的腐蚀速率。总体来讲,试样 X80 钢在 30 ℃的(亚)氯盐渍土模拟溶液中的腐蚀速率最大,而在 20 ℃ 的(亚)硫酸盐渍土模拟溶液中的腐蚀速率最小。

7.5　本章小结

在不同的浸泡期内,X80 钢试样的腐蚀速率随着时间增长而逐渐减小:第一组的腐蚀速率要比第三组的腐蚀速率小,第二组的腐蚀速率要比第四组的腐蚀速率小,即适当提高温度可以加快 X80 钢的腐蚀速率。

根据实验结果可知,最大腐蚀速率不超过 0.06 mm/a,管道壁厚18.4 mm,所以即使按照最大速率腐蚀计算,理论上需要 300 年左右才能腐蚀穿透(由于不可避免的误差,只做参考)。X80 管线钢的平均腐蚀速率较高,说明其发生了严重的腐蚀。但是随着浸泡时间的延长,X80 管线钢的平均腐蚀速率有所下降。

参考众多相关文献,预估将 X80 钢试件埋入野外采取的盐渍土土样中,得到的腐蚀速率最多为 7 g/(dm² · a),换算结果相当于 0.1 mm/a。与在模拟溶液中相比,是其 2 倍左右。因此,对管道的寿命估计大致为在模拟溶液中的一半,为 150 年左右。

本管线工程大部分区段铺设 X80 钢管作为运输管线,由于盐渍土与管道的接触方式为直接接触,管道工程在木垒县铺设段盐渍土大量分布,在哈密市南段东天山南侧冲洪积扇区也有大量盐渍土存在,新气管道工程埋置深度为 1.5 m,在地质条件较为特殊和复杂的地区,埋置深度不小于 2 m,煤制气外输管线输气管道内径约为 1 016 mm。因此可以判断,在煤制气外输管线埋藏位置,盐渍土对管道具有一定的腐蚀,而且由于对输气管道的要求是能够进行长期、稳定运行,因此,可以将盐渍土对新气管道工程的腐蚀性危害程度定为中等。

第8章 研究区盐渍土防治措施及建议

8.1 盐渍土特性与工程危害

8.1.1 研究区盐渍土工程特性

根据管道沿线易溶盐实验数理统计,新疆北部地区盐渍土分布广泛,影响着工农业的发展,分析研究盐渍土分布特征可以为大型线路工程的设计施工及顺利开展提供科学依据。

根据现场勘察,不同的气候条件、地层性质、地貌特征及生态环境,盐渍土工程性质有所区别。气候相对湿润、气温相对低的山地河谷地貌,盐渍土不易形成;气候干燥炎热、植被覆盖率较好的山地、冲洪积平原,盐渍土不易形成。局部盐渍土形成于浅部地层,平均深度小于 2 m。气候干燥炎热、植被零星分布的冲洪积平原盐渍土分布较为广泛,平均深度小于 4.5 m。干燥炎热的戈壁地貌单元,植被稀疏、水源补给较弱,盐渍土分布非常广泛,深度可达 8 m。

在管道敷设施工过程中,对于盐渍土分布较多的地区,应该进行合理的实验、分析,对盐渍土的化学成分和物理特性进行科学鉴定,以便采取有效措施进行处理。具体施工过程中,可结合工程实际和客观条件选择适当的处理措施,最终目的是保证盐渍土地区管道的安全运营。

受到高温、蒸发量大的影响,盐渍土地区以碎石土为主的地层经过盐胶结作用,较为牢固坚硬,部分盐胶结碎石可形成坚硬的碎石块体,开挖难度较大。如图 8-1 所示地层剖面可见盐胶结。盐渍土地区粉土和砂土地层盐胶结相对较弱,地层开挖性相对较好。

管道沿线盐渍土具有较强的腐蚀性,在哈密戈壁局部地区硫酸盐渍土有轻微盐胀性,不具有溶陷性,因此盐渍土地区管道应做好防腐措施。管道沿线高含盐量成片分布的盐渍土可以采用非盐渍土进行换填、地基处理、强夯、盐化处理等方法。

8.1.2 盐渍土盐胀性对管线的灾害性分析

盐渍土的盐胀性实际是指物理结晶腐蚀,是易溶盐含量较高的地下水在毛

图 8-1　管沟开挖可见盐胶结硬壳层

细作用下,一部分进入建筑材料中,由于温度降低或者蒸发作用的进行,地下水中所含有的盐分 Na_2SO_4 结晶形成 $Na_2SO_4 \cdot 10H_2O$,造成土体体积膨胀,从而影响工程构筑物的安全稳定。图 8-2 所示为 Na_2SO_4 溶解度曲线,当温度达到 32 ℃左右时,其溶解度有最大值,也就是说,当温度低于或者高于 32 ℃时,Na_2SO_4 粉末或者溶解在水中的 Na_2SO_4 都会吸水结晶形成 $Na_2SO_4 \cdot 10H_2O$ 芒硝晶体,使体积增大。

Na_2SO_4 吸水结晶成 $Na_2SO_4 \cdot 10H_2O$,其体积膨胀计算见式(8-1):

$$V_0 = \frac{\dfrac{W_1}{G_1} - \dfrac{W_2}{G_2}}{\dfrac{W_2}{G_2}} = \left(\frac{W_1}{G_1} - \frac{W_2}{G_2} \right) \frac{G_2}{W_2} \tag{8-1}$$

式中　W_1——结晶硫酸钠($Na_2SO_4 \cdot 10H_2O$)的质量;

　　　W_2——无水硫酸钠(Na_2SO_4)的质量;

　　　G_1——结晶硫酸钠($Na_2SO_4 \cdot 10H_2O$)的比重;

　　　G_2——无水硫酸钠(Na_2SO_4)的比重。

将 Na_2SO_4 和 $Na_2SO_4 \cdot 10H_2O$ 分子量代入式中得:

$$V_0 \approx 3.1$$

可知硫酸盐的物理腐蚀(盐胀)最大膨胀可达其原有体积的 3.1 倍,对工程构筑物、路基、油气管道会造成巨大危害。

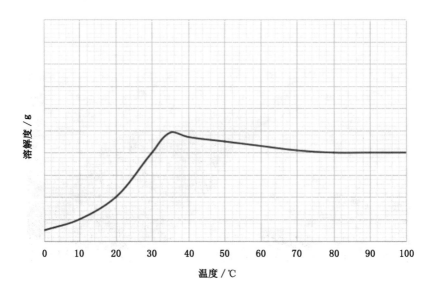

图 8-2　Na_2SO_4 溶解度曲线

影响盐胀的因素除了温度之外,土壤中的硫酸盐含量也是影响盐胀的重要因素。随着时间的流逝盐胀越彻底,图 8-3 所示为三种不同硫酸盐含量的土壤随时间的变化,不同硫酸盐含量的土壤其体积变化也不相同。

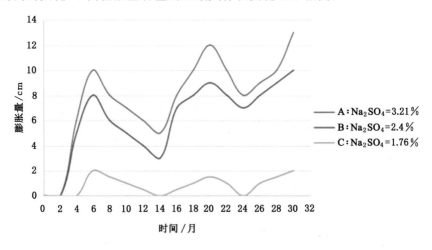

图 8-3　三种不同硫酸钠含量的土壤膨胀量随时间变化

其中,A、B、C 三种不同土壤性质如下:
A：$w=10.2\%$,$\gamma_d=15.6$ kN/m^3,$Na_2SO_4=3.21\%$;

B：$w=12.3\%$，$\gamma_d=16.1\ kN/m^3$，$Na_2SO_4=2.4\%$；

C：$w=13.6\%$，$\gamma_d=15.8\ kN/m^3$，$Na_2SO_4=1.76\%$。

图 8-3 表明除 Na_2SO_4 含量不同的三种性状几乎相同的土，Na_2SO_4 含量越大，则其发生盐胀体积变化越大；反之，Na_2SO_4 含量越小，则其发生盐胀体积变化越小。Na_2SO_4 含量小于等于 1% 的土壤其体积变化接近于 0，因此可以判断，若土壤中的 Na_2SO_4 的含量小于 1%，则不发生盐胀。管道沿线土中 Na_2SO_4 的含量小于 1%，管道埋置深度内不存在盐胀的先决条件，可以不考虑土壤对管道的盐胀性危害。

根据含盐量分析和区域资料，在研究区 0～0.5 m 深度内的土中硫酸钠含量大部分在 1% 以下，少部分亦接近 1%，因此可以判断，管道埋置深度内不存在盐胀的先决条件，可以不考虑土壤对管道的盐胀性危害。但是，盐渍土的盐胀性对新气管道升压站、清管站、分输站等建筑物的地基影响危害程度为中等。

8.2　盐渍土致灾评价

8.2.1　盐渍土腐蚀性评价

新疆气候干燥、少雨，蒸发强烈，地下水运移滞缓，排水不畅，造成土壤中盐分聚集地表，因此一般地表含盐量较高，土体中盐类甚至与土层胶结成盐壳。

（1）管道沿线盐渍土的腐蚀性成分测试与评价

盐渍土中的阳离子 Na^+、Ca^{2+} 及阴离子 Cl^-、SO_4^{2-} 等与管道直接接触，会对管道产生化学腐蚀。化学腐蚀具有一定的隐蔽性，腐蚀速率较为缓慢，是一个渐变的过程，对管道工程的危害也是逐渐起作用的。根据《岩土工程勘察规范（2009 年版）》（GB 50021—2001）的要求（表 8-1）对管道沿线盐渍土的腐蚀性成分进行实验。

表 8-1　盐渍土腐蚀等级标准

评价类型	腐蚀介质/(mg/kg)	评定标准			
		微	弱	中	强
混凝土结构	SO_4^{2-}	<450	450～2 250	2 250～4 500	>4 500
	Mg^{2+}	<3 000	3 000～4 500	4 500～6 000	>6 000
	pH 值	>5.0	5.0～4.0	4.0～3.5	<3.5
	侵蚀性 CO_2	<30	30～60	60～100	—
钢筋混凝土结构中的钢筋	Cl^- 含量	<250	250～500	500～5 000	>5 000

新疆煤制气管道霍尔果斯至乌苏段腐蚀性成分测试结果见表 8-2。所有采样点中 pH 值均大于 5.0,在腐蚀性测试中基本可以不予考虑。在评价过程中指标的选取依据"就高不就低"的原则。7 个点的盐渍土对混凝土结构的腐蚀性为微弱,占所有采样点的 78%;1 个采样点为中等,1 个采样点为强,分别占比约为 11%。

表 8-2　霍尔果斯至乌苏段盐渍土腐蚀性评价

取样点	SO_4^{2-} /(mg/kg)	Mg^{2+} /(mg/kg)	pH 值	混凝土结构腐蚀性	Cl^- /(mg/kg)	钢筋混凝土结构中的钢筋腐蚀性
霍-乌 1	644	34	8.60	弱	265	弱
霍-乌 2	144	58	8.80	微	184	微
霍-乌 3	151	36	9.33	弱	35	微
霍-乌 4	2 855	17	9.51	中	993	中
霍-乌 5	1 768	23	10.1	弱	833	中
霍-乌 6	216	43	9.15	微	71	微
霍-乌 7	134	5	8.6	微	71	微
霍-乌 8	7 409	76	8.4	强	259	弱
霍-乌 9	134	7	9.18	微	64	微

由霍尔果斯至乌苏段腐蚀性成分测试可见,该段管线途径区域盐渍土的腐蚀性基本处于微弱至弱的程度,仅有 1 个采样点腐蚀性较强,综合评价该段盐渍土腐蚀性弱。这与该段盐渍土的分布、成因类型的规律基本一致。

乌苏至哈密段管道沿线盐渍土腐蚀性成分测试成果(表 8-3)与霍尔果斯至乌苏段类似,评价过程中采用不同指标"就高不就低"的原则。所有采样点中 pH 值均大于 5.0,对该段管道沿线的盐渍土腐蚀性评价基本没有影响。

表 8-3　乌苏至哈密段盐渍土腐蚀性评价

取样点	Mg^{2+} /(mg/kg)	SO_4^{2-} /(mg/kg)	pH /(mg/kg)	混凝土结构腐蚀性	Cl^- /(mg/kg)	钢筋混凝土结构中的钢筋腐蚀性
乌-哈 18-1	9.6	12 134	10.3	强	1 899	中
乌-哈 18-2	9.6	672	7.81	微	152	微
乌-哈 18-3	24	288	7.73	微	71	微
乌-哈 18-4	19.2	134	7.8	微	42	微
乌-哈 18-5	24	96	7.76	微	71	微

表 8-3(续)

取样点	Mg^{2+} /(mg/kg)	SO_4^{2-} /(mg/kg)	pH /(mg/kg)	混凝土结构 腐蚀性	Cl^- /(mg/kg)	钢筋混凝土结构 中的钢筋腐蚀性
乌-哈 18-6	24	134	7.83	微	46	微
乌-哈 21-1	86	16 320	7.11	强	5 768	强
乌-哈 21-2	14	2 841	7.66	中	244	微
乌-哈 21-3	0	614	7.51	微	134	微
乌-哈 21-4	24	1 248	7.34	中	106	微
乌-哈 21-5	0	768	7.14	微	124	微
乌-哈 21-6	0	1 113	7.45	中	74	微
乌-哈 22-1	336	8 928	7.24	强	213	微
乌-哈 22-2	72	4 512	7.3	强	88	微
乌-哈 22-3	96	6 912	8.1	强	177	微
乌-哈 22-4	48	5 184	7.08	强	124	微
乌-哈 22-5	72	5 472	7.47	强	142	微
乌-哈 22-6	24	960	8.05	弱	71	微
乌-哈 23-1	1 200	134 400	7.78	强	19 525	强
乌-哈 23-2	1 200	45 600	7.68	强	2 662	中
乌-哈 23-3	1 200	45 600	7.68	强	2 662.5	中
乌-哈 23-4	240	21 120	6.93	强	1 579.75	中
乌-哈 23-5	0	16 800	6.77	强	1 775	中
乌-哈 23-6	240	21 120	7.3	强	1 029.5	中
乌-哈 23-7	240	9 504	7.88	强	1 171.5	中
乌-哈 24-1	3 000	120 000	8.72	强	69 225	中
乌-哈 24-2	360	30 240	7.84	强	7 543.75	强
乌-哈 S21-1	720	73 920	6.68	强	10 579	强
乌-哈 S21-2	120	35 040	7.29	强	1 384.5	中
乌-哈 S21-3	180	28 320	7.33	强	852	中
乌-哈 S21-4	300	32 880	6.68	强	905.25	中
乌-哈 S21-5	360	46 080	7.57	强	994	中
乌-哈 S21-6	144	3 974.4	7.07	强	692.25	中
乌-哈 S22-1	48	614.4	7.18	弱	124.25	微
乌-哈 S22-2	360	42 240	6.4	强	177.5	微
乌-哈 S22-3	240	20 160	7.7	强	248.5	微

　　由表8-3可知:采样点中8个样品的盐渍土对混凝土结构的腐蚀性为微弱,占所有采样样品的22%;3个样品腐蚀性为中等,约占83%;其余样品腐蚀性均为强,分别占比约为69.4%。采样点中18个样品的盐渍土对混凝土结构中钢筋的腐蚀性为微弱,占所有采样样品的50%,12个样品对钢筋的腐蚀性为中等,占比33%。采样点中分别有1个样品对钢筋的腐蚀性为强。

　　由乌苏至哈密段腐蚀性成分测试可见,该段管线途径区域盐渍土对钢筋混凝土具有中等至强的腐蚀性危害,仅有少量采样点的盐渍土对钢筋混凝土的腐蚀性较弱。从该段管道沿线盐渍土对钢筋混凝土的钢筋腐蚀性影响上看,该区域影响相对较小,主要是盐渍土中 Cl^- 的含量相对较小;个别采样点盐渍土对钢筋的腐蚀性较强,需要特别注意。综合评价该段盐渍土腐蚀性较强。

　　鄯善至红柳段管道沿线盐渍土腐蚀性成分测试成果(表8-4),可知:12个采样点中的8个样品的盐渍土对混凝土结构的腐蚀性为强,占所有采样点样品的67%,3个样品腐蚀性为中等,约占25%;1个样品腐蚀性为弱,约占8.3%。5个样品的盐渍土对混凝土结构中钢筋的腐蚀性为强,占所有采样样品的42%;6个样品对钢筋的腐蚀性为中等,占比50%;1个样品对钢筋的腐蚀性为弱,约占8.3%。

表8-4　鄯善至红柳段盐渍土腐蚀性评价

取样点	SO_4^{2-} /(mg/kg)	Mg^{2+} /(mg/kg)	pH 值 /(mg/kg)	对混凝土的腐蚀性	Cl^- /(mg/kg)	对钢筋腐蚀性
鄯-红 26	11 946	21	8.68	强	4 750	中
鄯-红 27	3 916	17	8.4	中	496	弱
鄯-红 28	4 735	130	8.65	强	7 090	强
鄯-红 29	12 426	36	9.02	强	21 846	强
鄯-红 30	7 531	62	8.48	强	1 464	中
鄯-红 31	2 558	52	8.69	中	3 338	中
鄯-红 32	979	31	8.61	弱	514	中
鄯-红 33	19 675	48	8.79	强	4 392	中
鄯-红 34	10 238	107	8.78	强	1 453	中
鄯-红 35	7 084	24	8.54	强	7 498	强
鄯-红 36	9 390	60	8.68	强	11 450	强
鄯-红 37	2 706	100	8.78	中	19 409	强

　　由鄯善至红柳段腐蚀性成分测试可见,该段管线途径区域盐渍土对钢筋混

凝土的腐蚀性基本处于中等至强的程度,仅有 1 个采样点的盐渍土对钢筋混凝土的腐蚀性较弱。从该段管道沿线盐渍土对钢筋混凝土的钢筋腐蚀性影响上看,该区域影响相对较大,多数采样点盐渍土对钢筋的腐蚀性较强,需要特别注意。综合评价该段盐渍土腐蚀性较强。

(2)管道沿线盐渍土的腐蚀性综合评价

盐渍土盐类测试结果表明,管线沿途盐渍土类型以氯盐渍土和亚硫酸盐渍土为主。沿途采样点的盐渍土腐蚀性评价显示,管道沿线自西向东腐蚀性也有逐渐增强的趋势。把采样点分别列入从西到东的区域分段,综合盐渍土对管线工程的腐蚀性评价见表 8-5。

表 8-5　盐渍土的分布情况及危险性评价

线路	区段	管道遭受盐渍土化学腐蚀的危险性	对钢筋混凝土的腐蚀性	对钢筋的腐蚀性
伊宁分输清管站至乌苏分输清管站线路	AB021 桩＋480 m～AB025 桩	微弱	微-弱	微弱
	AB064 桩＋500 m～AB08 桩		微-弱	微弱
	AB086 桩～AB101 桩		弱-中等	微弱
	AC000 桩～AC060 桩		微-弱	微弱
	AC060 桩～AC071 桩		弱	微弱
精河分输清管站至沙湾分输清管站线路	黑山阀室至托托阀室	中等	弱-中等	中等
	托托阀室至吉尔图阀室		弱-中等	中等
	吉尔图阀室至高泉阀室		弱-中等	中等
	高泉阀室至柳沟阀室		中等-强	中等
	柳沟阀室至西海子阀室		中等-强	中等
	西海子阀室至天北阀室		弱-中等	中等
	天北阀室至北野阀室		弱-中等	中等
七角井注入压气站至哈密分输压气站线路	十三间房阀室至红西阀室	强	中等-强	中等-强
	红西阀室至沙尔阀室		中等-强	中等-强
	沙尔阀室至淀西阀室		中等-强	中等-强
	淀西阀室至四堡阀室		中等-强	中等-强
	四堡阀室至南甸子阀室		中等-强	中等-强

8.2.2　盐渍土膨胀性评价

盐渍土中硫酸钠的含量是影响其膨胀性的先决条件,是内因;盐渍土环境温度的变化是土体膨胀的主要外因,盐渍土中的硫酸钠结晶析出的过程本身就是体积增大的过程，会导致土体产生膨胀，这就是盐胀作用。土颗粒的粒径与硫酸钠盐结晶的粒径大小也与膨胀量相关，两者的粒径越接近，膨胀量就越大，粒径差别越大，相对膨胀越小。温度对盐渍土膨胀性的影响主要体现在一个特定范围，即 $25\sim33\,\mathrm{℃}$。在这个温度范围内，温度升高，芒硝（$Na_2SO_4\cdot10H_2O$）溶解度增大，当外界温度大于 $33\,\mathrm{℃}$ 时其溶解度反而降低，此时硫酸钠结晶析出，形成无水芒硝。芒硝与无水芒硝的变化过程一般可以导致土的体积增大 2 倍甚至 3 倍。芒硝（$Na_2SO_4\cdot10H_2O$）与无水芒硝（Na_2SO_4）之间的反复变化，正是盐渍土膨胀-松散-膨胀的主要原因，因此，盐渍土膨胀性容易造成公路、铁路路基及机场跑道等反复变形破坏。

通常情况下，盐渍土的盐胀性一般通过现场实验进行测定，但是前提条件是在标准冻结深度以上，盐渍土的硫酸钠含量一般要超过 1%，即当硫酸钠含量低于 1% 时，一般不考虑盐渍土的膨胀性。新疆煤制气管道沿线盐渍土的 Na_2SO_4 含量见表 8-6。

表 8-6　新疆煤制气管道新疆段 Na_2SO_4 含量

采样点	Na_2SO_4/%	采样点	Na_2SO_4/%	采样点	Na_2SO_4/%	采样点	Na_2SO_4/%	采样点	Na_2SO_4/%
霍-乌 1	0.021	乌-哈 18-1	0.025	乌-哈 22-3	0.053	乌-哈 23-7	0.071	鄯-红 26	0.483
霍-乌 2	0.01	乌-哈 18-2	0.029	乌-哈 22-4	0.064	乌-哈 24-1	0.034	鄯-红 27	0.111
霍-乌 3	0.012	乌-哈 18-3	0.031	乌-哈 22-5	0.051	乌-哈 24-2	0.039	鄯-红 28	0.325
霍-乌 4	0.314	乌-哈 18-4	0.019	乌-哈 22-6	0.049	乌-哈 S21-1	0.044	鄯-红 29	0.864
霍-乌 5	0.261	乌-哈 18-5	0.026	乌-哈 23-1	0.054	乌-哈 S21-2	0.054	鄯-红 30	0.319
霍-乌 6	0.023	乌-哈 18-6	0.023	乌-哈 23-2	0.059	乌-哈 S21-3	0.038	鄯-红 31	0.329
霍-乌 7	0.016	乌-哈 21-1	0.046	乌-哈 23-3	0.064	乌-哈 S21-4	0.044	鄯-红 32	0.092
霍-乌 8	0.042	乌-哈 21-2	0.038	乌-哈 23-4	0.048	乌-哈 S21-5	0.050	鄯-红 33	0.266
霍-乌 9	0.02	乌-哈 21-3	0.041	乌-哈 23-5	0.060	乌-哈 S21-6	0.048	鄯-红 34	0.665
—	—	乌-哈 21-4	0.039	乌-哈 23-6	0.061	乌-哈 S22-1	0.049	鄯-红 35	0.373
—	—	乌-哈 21-5	0.048	乌-哈 22-3	0.054	乌-哈 S22-1	0.054	鄯-红 36	0.404
—	—	乌-哈 21-6	0.042	乌-哈 22-4	0.064	乌-哈 S22-1	0.050	鄯-红 37	0.300

根据含盐量分析和区域资料，精河分输清管站至沙湾分输清管站段线路和七角井注入压气站至哈密分输压气站段线路管道沿线土中 Na_2SO_4 含量均小于 1%，在管道铺设深度影响范围内，盐渍土不存在的膨胀的可能性，因此可以认为管道所途经区域不存在盐胀危害。

8.2.3　盐渍土溶陷性评价

精河分输清管站至沙湾分输清管站段线路处于干旱地区,降雨量极少,蒸发量极大;管道沿途所经区域一般都利于汇聚地表水和地下水,无论是地表径流还是地下径流均比较通畅,这种情况不具备促使盐渍土产生溶陷性的前提条件。沿线地表一般有大范围的砂砾石、砂卵石,其骨架支撑为硬质岩碎块及碎屑,洗盐后 2 mm 以上颗粒含量占 70% 以上,不能形成盐溶解而溶陷的条件。因此,精河分输清管站至沙湾分输清管站管道线路基本可以不考虑盐渍土溶陷对管道的影响。

七角井注入压气站至哈密分输压气站段线路处于干旱地区,降雨量极少,蒸发量极大;沿线大部分地段为非汇水区,水流排泄大都通畅,无构成盐渍土溶陷的必要条件。线路沿线石方段,管道埋置深度内基本为岩石,不存在溶陷的先决条件。其他沿线地表一般有大范围的砂砾石、砂卵石,其骨架支撑为硬质岩碎块及碎屑,洗盐后 2 mm 以上颗粒含量占 70% 以上,形不成因盐溶解而湿陷的条件。因此,七角井注入压气站至哈密分输压气站段管道线路基本可以不考虑盐渍土溶陷对管道的影响。

8.3　盐渍土处理防治措施研究

8.3.1　地基处理

盐渍土地基处理的目的,主要在于改善土的力学性质,消除或减少地基因浸水而引起的溶陷或盐胀以及防止因腐蚀导致埋藏于盐渍土中的管道遭到破坏。与其他软土地基处理不同,盐渍土地基处理的范围与厚度应根据含盐类型、含盐量、分布状态、盐渍土的物理力学性质、溶陷等级、盐胀特征以及建筑设计要求来确定。

盐渍土区段管线在开挖过程中必须慎重考察相应的工程问题,如开挖过程中基坑底面的隆起以及开挖卸载引起的应力减少、偏心、松动,在盐渍土地区设计施工过程中必须考虑到溶陷及盐胀引起的横向、纵向位移和较长工期中盐渍土腐蚀对管道的破坏而引起的不稳定,在综合上述问题的基础上,再采取相应的地基处理措施。

在开挖过程中对盐渍土地基的处理都是针对盐渍土地基的特殊工程地质特征、提高其承载力、减少压缩性、降低孔隙比和含水量、增加密实度及消除溶陷性、盐胀性。

大量的勘察数据表明,非饱和盐渍土在天然状态下,由于盐结晶的胶结作用,其地基承载力较高,可作为一般工业和民用建筑的良好地基,但当盐渍土地基浸水后地基承载力急剧下降,成为一种新的软土地基。盐渍土地区建筑物(管道)由于地基浸水而产生过大或不均匀沉降,致使建筑物(管道)遭到破坏的工程事例屡见不鲜。

8.3.2 预浸水法

预浸水法是用矿化度较低的水对盐渍土进行浸灌,使土层中的盐分溶于水并排放到其他地方,使盐渍土的含盐量降低,使土壤"淡化",它实际上是一种原位换土法。一些文献表明,预浸水法可消除溶陷量的 70%～80%,这也相当于改善地基溶陷等级,具有效果好、施工方便、成本低的优点。预浸水法一般适用于厚度较大、渗透性较好的砂砾石土、粉土和黏性盐渍土等非饱和盐渍土。对渗透性较差的非饱和黏性盐渍土等不宜采用。预浸水法用水量大,场地应具有充足的水源。预浸水地基处理方法的效果受下几个方面因素的影响:

(1) 浸水量

浸水量是保证浸水效果的关键指标,它直接影响预浸水法的成本。浸水量与土的类型、土中原始含盐量、冲洗水的矿化度、冲洗时的气温等很多参数有关。根据有关资料,可用式(8-2)计算:

$$y = knC + 0.02(50 - t) \tag{8-2}$$

式中　y ——对 1 m 厚的盐渍土层,累积每平方米的浸水量,m³;

　　　k ——与浸水的矿化度有关的系数,轻、中矿化度取 1.0,强矿化度(大于 1 000 mg/L)取 1.5;

　　　n ——与盐渍土类型有关的系数,对砂卵石及砂类土取 1.0,对粉土取1.5,对黏性土取 1.7;

　　　C ——地表下 1 m 厚土层的平均含盐量,%;

　　　t ——浸水时的平均气温,℃。

(2) 浸水季节

预浸水法不得在冬季有冻结可能的条件下进行。这是由于盐的溶解度与温度关系密切,比较理想的季节是在气温和土壤温度均较高且蒸发量较小的季节进行。

通过查阅新疆地区相关资料可知,新疆春、夏、秋、冬的平均气温依次为 10.7 ℃、22.3 ℃、8.2 ℃和－8 ℃,并且各个季节的气温都是明显升高的。新疆绝大部分地区蒸发皿蒸发都是下降的趋势。对于季节变化,春季呈明显下降态势,其平均值为 729 mm,占全年总量的 30.75%;夏季蒸发皿蒸发的下降也很显著,其平均值达到了 1 086 mm,占全年总量的 45.8%;秋季蒸发皿蒸发的平均值为 451.9 mm,但其下降趋势并不明显;冬季蒸发皿蒸发下降趋势并不明显,其多年平均值为 104 mm,冬季蒸发皿蒸发并没有发生明显的转折变化,而是表现为波动性变化。

因此按照"气温和土壤温度均较高,且蒸发量较小的季节"的预浸水法的要求,根据新疆地区的气候特征,最佳的浸水季节为春、秋两季。

(3) 浸水范围

根据某些实验结果,浸水的影响半径可达到 1.2 倍的浸水坑直径。结合盐渍土层的厚度等综合考虑,在管道敷设时一般要求浸水范围为坑体向外扩大 1.5 倍。

管道途经甘肃盐渍土地区,如玉门压气站至金塔压气站测得的易溶盐含量均较低,大部分区域的含盐量均低于 0.5 mg/kg,因而可采取预浸水法处理盐渍土(水源充足条件下)。

8.3.3 强夯法

对于结构松散、具有大孔隙和架空结构特征的非饱和盐渍土,因其土体密度小,颗粒间接触面积较小,抗剪强度不高,盐含量较小,一般采用强夯法。大量工程实例证明,这是减少岩溶危害的一种有效方法。

目前,采用强夯法处理盐渍土地基还没有一套成熟的理论和计算方法,通常是根据现场的地质条件和工程使用要求,通过现场实验,正确地选用强夯参数,才能达到有效和经济的目的。强夯的参数包括锤重、落距、最佳夯击能、夯击遍数、两次夯击的间歇时间、影响深度和夯点的布置等。盐渍土地基采用强夯法并不能降低土中的含盐量而主要是增强土的密实性,降低其渗透性,从而减少遇水后的溶陷。在本项目中,一些含水量较小、地下水位埋深较深的地区可以参考使用。

8.3.4 换土垫层法

如果地基的含盐量过高,且溶陷性较高,但不是很厚的盐渍土地基采用换土垫层法消除其溶陷性是较为可靠的,对于管道敷设来讲,就是把坑体下一定深度的盐渍土层挖除,如果盐渍土较薄,可全部挖除,然后回填不含盐的砂石、灰土等替换盐渍土层,分层压实。从而减小地基的变形,提高地基的承载力。通常换填的厚度应该大于 1.0 m。地基土换填以后,不得堆放在地基两侧坡脚处,以防止发生次生的盐渍化危害。

换填法适合于地下水位埋置较深的浅层盐渍土地基,施工方法简单、方便,但当大面积使用时挖填工程量较大,费工费时。换填材料应为非盐渍土的级配砂砾石和中粗砂、碎石、矿渣、粉煤灰等。

(1) 换填材料的选用与要求

① 砂、碎(卵)石、砂砾石垫层适用于强度要求高、压缩性要求低的地基。

砂、石应级配良好,不含草根、垃圾等杂质,用作排水固结地基的材料含泥量不得大于 3%。当使用粉细砂时,应按设计要求掺入 25%～35%的碎石或卵石,最大粒径不宜大于 50 mm。

② 灰土垫层适用于强度要求不高、有一定防渗要求的地基。灰土常用2∶8或 3∶7,土料采用黏性土及塑性指数大于 4 的粉土,土料应过筛,粒径不宜大于 15 mm;灰土中的熟石灰也应过筛,粒径不得大于 5 mm,且其内不得有未熟化的熟石灰。

③ 素土垫层适用于处理软土、湿陷性黄土和杂填土地基。土料内不得含有杂质,其含水量应严格控制。

(2) 垫层设计

垫层设计中应做好地基排水设计,防止垫层被盐渍化,宜设置分隔断层。在以硫酸盐为主的环境下不宜采用灰土垫层、灰土基础、灰石桩、灰土桩等。

(3) 换土垫层法的优点

地基处理换填法从根本上讲只是需要更换地基表面土层,整个施工过程中的主要工序就是换土和表面振荡,因此在施工过程中不会造成水质污染和大气污染,唯一的影响就是会产生振动波,但是这种振动波在施工场所来讲是再正常不过的了。所以,地基处理换填法对自然环境的影响较小,属于环保的施工方法。

8.3.5 盐化处理方法

鉴于化学加固成本均较昂贵,较多地应用于矿井、水坝或铁道工程中。对于干旱地区含盐量较高、盐渍土层较厚的管段,可考虑采用盐化处理方法,即通常所说的"以盐治盐"的方法,在建筑物(管道)地基中注入饱和的(或过饱和的)盐溶液,形成一定厚度的盐饱和土层,使地基发生如下变化:饱和盐溶液注入地基后随水分蒸发,盐结晶析出,填充在原来土中的孔隙中,并起到土颗粒骨架作用;饱和盐溶液注入地基并析出后减小了原有孔隙比,使盐渍土渗透性降低。盐化处理所用的盐可采用工业锅炉用盐和一般用盐,水可用当地饮用自来水,也可直接用盐湖水来代替。

盐渍土地基经盐化处理后,由于本身的致密性增大和透水性的减小,既会保持和增加原土层较高的结构强度,又使地基受到水浸湿时也不会发生较大的溶陷,这在地下水位较低、气候干燥的西北地区是有极有可能实现的,特别是与地基防水措施结合起来,将是一种经济有效的方法。盐化处理的成本也远远低于其他处理方法,如能同防水结合起来,可以起到双保险作用。

8.3.6 其他一些处理方法

盐渍土部分处理办法见表 8-7。

表 8-7　盐渍土部分处理办法

方法名称	施工方法	使用条件或用途	说明
敷设毛细水隔断层	先把盐渍土挖出一部分,然后用粗颗粒材料等做一隔断层	盐渍土层较厚,地下水位较高,且水中含盐量较高时	筑路和地坪施工中常用
敷设无砂卵石垫层	在地坪下面敷设一层 20 cm 左右不含砂的大粒径卵石	防止盐渍土膨胀引起地坪拱起破坏	新疆盐渍土地区应用较广

8.3.7　研究区盐渍土部分管段防治措施分析

管线沿线经过新疆大面积的盐渍土地段,盐渍土对输气管道的腐蚀是主要的灾害形式,模拟盐渍土对 X80 钢的腐蚀性研究也证实该地段盐渍土对管道具有较强的危害,由于新疆管段大部分地区水量不充沛,预浸水法只可结合当地水资源小段采用,通过对各测点不同深度易溶盐含盐量的分析,发现管线新疆段 28#~30#、31#阀室以及烟墩压气站至 36#、37#阀室地段盐渍土含量较高,含盐量最高地段可达 17.48 mg/kg,在此地段盐渍土对管道的腐蚀最严重,因此,在工程造价允许的情况下可以考虑采取最普遍的换填土方法来处理盐渍土,由于管道埋深大都在 1~5 m,而且新疆降水量较少,推荐可采用砂石垫层法。

此外,管线穿越的新疆段其他盐渍土地区,如柯柯亚阀室至 26#、27#阀室以及 32#阀室地段,测得的易溶盐含盐量较低,可采取一般的管道防腐层技术和电化学防腐技术,结合盐化学处理盐渍土。管道途经甘肃盐渍土地区,如玉门压气站至金塔压气站测得的易溶盐含量均较低,大部分区域的含盐量均低于 0.5 mg/kg,因而可采取预浸水法处理盐渍土(水源充足条件下)。

8.4　管道易腐蚀地区的监测和防治措施分析

8.4.1　管道腐蚀监测技术

管道腐蚀监测方法很多,从原理上可分为物理测试、电化学测试和化学分析。

(1)物理测试

失重挂片法:把已知质量的金属试样放入腐蚀系统中,经过一定的暴露期后,取出、清洗、称重,根据试样质量变化测出平均腐蚀速度。其优点是试样取出后可以观察试样表面形貌,分析表面腐蚀产物,从而确定腐蚀的类型。这对分析非均匀腐蚀(如小孔腐蚀)十分有用。近年来,随着对细菌腐蚀研究的逐步深入,也可通过对失重挂片表面腐蚀产物的分析来帮助确定细菌对腐蚀的影响。但该方法的缺点是无法反映工艺参数的快速变化对腐蚀速度的影响。

电阻法：电阻法常被称为可自动测量的失重挂片法。它既能在液相（电解质或非电解质）中测定，也能在气相中测定，方法简单，易于掌握和解释结果。目前电阻法已经发展成为一项应用非常普遍和成熟的腐蚀监测技术。电阻法所测量的是金属元件的横截面积因腐蚀而减少所引起的电阻变化。电阻探针由暴露在腐蚀介质中的测量元件和不与腐蚀介质接触的参考元件组成。参考元件起温度补偿作用，从而消除了温度变化对测量的影响。测量元件有丝状、片状、管状。从前、后两次读数以及两次读数的时间间隔，就可以计算出腐蚀速度。通过元件灵敏度的选择，可以测定腐蚀速度较快的变化。但电阻法只能测定一段时间内的累计腐蚀量，而不能测定瞬时腐蚀速度和局部腐蚀。作为一种相对简单和经济的方法，电阻法已经成为在线腐蚀监测系统的主要监测手段，特别是在多相或非电解质体系中。

氢监测：氢监测是测定氢的渗入倾向，渗氢破坏包括氢脆、氢鼓泡、氢致开裂等。在化工厂、炼油厂、油井和输油输气管线等很多装置都会出现这类问题。常见的氢探针是一金属棒，其中心钻有一个小而深的孔。把金属棒插入设备中，氢原子渗过金属棒壁，进入圆形空间，形成氢分子。连接在这个圆形空间的压力表反映了此空间内的氢气压力变化情况。氢气压力变化速度间接反映了材料对渗氢的敏感性和腐蚀反应的剧烈程度。

（2）电化学测试

线性极化电阻法是目前最常用的金属腐蚀快速测试方法。其基本原理是加入一小电位使电极极化而产生电极-液体界面的电流，该电流与腐蚀电流有关，由于腐蚀电流与腐蚀速度成正比，所以该技术可以直接给出腐蚀速度读数。线性极化电阻法只适合在电解质中发生电化学腐蚀的场合，基本上还只能测定全面腐蚀，这就限制了它的使用范围。它的主要特点是能测定瞬时腐蚀速度。

（3）化学分析

对腐蚀介质的化学分析也是腐蚀监测的一个重要组成部分。主要分析铁离子含量、氯离子含量、硫化氢含量、二氧化碳含量、pH 值等，也可做细菌测试。这些分析能帮助确定腐蚀介质情况，以及某些特定组分对腐蚀反应的影响。在线、实时腐蚀监测能够提供大量快速的腐蚀信息。但是，腐蚀监测探针测量的是"探头元件"在介质中的腐蚀，反映了介质的腐蚀性，但不能完全代表设备的腐蚀状况，因此在线、实时的腐蚀监测，加上定期的设备检测，才能提供整个系统完整、及时、准确的腐蚀信息。

8.4.2 盐渍土腐蚀性对管线的灾害性分析

本管线工程大部分区段铺设 X80 钢管作为运输管线，由于盐渍土与管道的接触方式为直接接触，因此盐渍土会对暴露的管道产生电化学腐蚀，尤其是钢管的焊接处相较于钢管其他位置更易发生电化学腐蚀,因此,管道的铺设、防护以及管道基坑的开挖、施工必须采取相应的防腐措施。管道工程在木垒县敷设段盐渍土大量分布,在哈密市南段东天山南侧冲洪积扇区也有大量盐渍土存在,应采取相应的管道防腐敷设措施。盐渍土化学腐蚀是一个渐变且缓慢发生的过程,对管道的危害也是逐渐起作用的。盐渍土作为一种特殊土,由于其易溶盐含量较高,可根据其土壤内部的易溶盐结晶时体积是否变化,分为化学腐蚀和物理腐蚀两种,盐渍土内的氯盐能造成煤制气外输管线发生强烈电化学腐蚀,经过一段时间的电化学腐蚀,能够引起管道的破坏,发生漏气、爆炸,造成生命和财产损失,新气管道工程沿线盐渍土中的氯盐一般以 NaCl 为主,还含有少量 $MgCl$、Ca_2Cl 等。其电化学过程反应如下:

$$2Cl^- + Fe^{2+} \longrightarrow FeCl_2 \tag{8-3}$$

由于生成物 $FeCl_2$ 中的 Fe^{2+} 极其不稳定,易被 O_2 氧化,所以有:

$$4Fe^{2+} + O_2 \longrightarrow 4Fe^{3+} + 2O^{2-} \tag{8-4}$$

氯离子在反应之后又成为游离状态,在整个电化学反应中,氯盐作为一种反应的催化剂,大大加剧了管道腐蚀的程度。此外,硫酸盐也能对管道进行腐蚀,但是相较于氯盐,其腐蚀能力较低,同等量的情况下,其腐蚀程度仅相当于氯盐的 1/4。

新疆地区盐渍土中易溶盐含量随着深度增加含量急剧减少。在 $0 \sim 1$ m 深度内土中易溶盐含量较高,在 1 m 以下深度内易溶盐含量较低。对新疆煤制气外输管线而言,在平坦无特殊地质条件的地区,新疆煤制气外输管线埋置深度为 1.5 m,在地质条件较为特殊和复杂的地区,埋置深度不小于 2 m,煤制气外输管线输气管道内径约为 1 016 mm。因此可以判断,在煤制气外输管线埋藏位置,盐渍土对管道具有一定的腐蚀,而且由于对输气管道的要求是能够进行长期性、稳定性地运行,因此,可以将盐渍土对新气管道工程的腐蚀性危害程度定为中等。

8.4.3 输气管道腐蚀防护建议

(1) 加工集输管道安全防护管理

首先,施工前应对管道质量进行严格检测,确保施工管道质量、防护达到标准,杜绝不合格产品进入施工场地。其次,施工阶段应加强质量管理,做好管口焊接处理防护措施,对焊接点进行必要的质量检测和安全防护;施工中管道设备的移动要谨慎,防止外界因素对防护层的破坏。最后,使用中利用在线监测设备对集输管道的性能进行实时监测,发现问题要及时采取有效的防护措施,防止问题进一步扩大。

(2) 管道防腐层技术的应用

管道防腐层技术不断发展,熔结环氧、煤焦油瓷漆和聚乙烯等管道防护技术已经得到较为广泛的应用。较常用的内涂层防护技术可使用新工艺,如环氧树脂粉末涂层可采用热喷玻璃防腐的新工艺,使涂层形成可耐 300 ℃的高温层,形成永不老化的玻璃与金属复合的防腐产品,杜绝管道内硫化物等酸性气体与钢质管道的接触。另外,增加防护层也能提高防腐效果,我国在建设"西气东输"工程时,应用了三层聚乙烯防腐层技术,取得了良好的防腐效果。

（3）缓蚀剂的防护效果

油气管道内壁接触的油气性质较为复杂,为保障油气运输的安全性和畅通性,需要对管道内壁进行防腐处理。油气内含有的腐蚀性介质容易导致管道积水部位发生开裂,为减少该危害的发生,可在管道内使用缓蚀剂降低管道的腐蚀速度。如 GP-1 型缓蚀剂已经在多个油气储运工程中得到应用,其防护效果较为理想。

（4）电化学保护技术

埋设地下的管道除受一般的腐蚀作用外,还会由于电化学反应的发生加快腐蚀速度,此时可将阴极保护技术与防腐层技术联合使用,以提高防腐效果。阴极保护技术可分为排流保护法、牺牲阳极保护法和附加电流保护法,主要是利用电化学腐蚀原理进行金属保护的一种防腐技术,其防护效果十分明显,已经在国内数以万计的油气管道中得到广泛应用。如牺牲阳极保护法就是根据金属活动性顺序,将被保护金属与另一种可提供电流的金属或合金连接,以降低保护金属的腐蚀速度。

（5）其他防护技术

加强管道的质量检测,确保施工管道质量达到合格标准;加大新型材料的应用力度,使用玻璃管道、塑料管道、耐蚀合金管道以及镀铝钢管等材料;及时对达到使用年限的管道进行更换,减少腐蚀穿孔造成的危害。

8.5 本章小结

本章介绍了盐渍土的工程特性,总结并提出了一些针对管线工程中如何防范管线埋设、穿越以及后期运营中防治盐渍土区病害的方法。

（1）为了防止盐渍土对管道施工的危害,本章列举了各种处理方法,并结合部分管段的具体情况建议使用适当的处理方法。

（2）在盐渍土地区地基处理时,在设计和施工中侧重"防"字:主要针对盐渍土的溶陷性和盐胀性采取相应措施进行处理,并主动利用盐渍土地区的气候因素等自然条件提高地基土体的承载力和刚度。

（3）盐渍土地基造成危害的外因是水，如果防止了水，危害即不出现。所以应根据地基是否浸水和防水措施是否恰当和有效，来确定适当方法对盐渍土地基采取措施。

（4）由于在盐渍土地基上进行工程建设的经验不足，所以在选定某种措施前，进行一些现场实验是完全必要的，以避免盲目施工，进而造成浪费。

第9章 结论及建议

9.1 结论

9.1.1 盐渍土分布及成因分析

野外调查分两次进行,历时近一个多月,行程总计 4 800 余千米,其间对管线沿线 10 个盐渍土调查区域(21 个取样点)进行了现场踏勘、调查、采样及现场实验等工作。本次野外踏勘调查完成了项目涉及的新疆、甘肃管道沿线范围内以盐渍土为主的不良地质现象的野外调查工作,根据管线沿线区不同的地形地貌、盐渍土分布特征,有选择性地选取了具有代表性的多处调查点,采集土样并进行管线沿线的野外地质调查工作。具体的调查及取样信息如下:

(1) 取样点主要包括南疆支干线南和西北艾丁湖,南疆支干线西南、东北等 16 个位于新疆段的点;甘肃干线西南、东北,甘肃干线北等 4 个位于甘肃段的点和 1 个位于宁夏干线段的取样点。

(2) 管线盐渍土分布特征主要成果:盐渍土地势较高处主要在管线处库米什至鄯善、木垒、七城子、七城子至七角井东天山区、七角井分布最为密集,整体上呈现西高东低的趋势。随着地理位置向东南推进,盐渍土地形高度逐渐降低。

(3) 盐渍土分布地区的地形地貌特点如下:

① 新疆段:托克逊一带、四堡阀室至哈密分输压气站主要为风积沙地,呈现高差不大的台阶型平台或缓地;木垒县的天山北麓主要为山前洪积扇及砾质倾斜平原,南高北低,多已连成一片,形成洪积扇或洪积砾质倾斜平原;七角井注入压气站至哈密分输压气站主要为剥蚀准平原及风蚀雅丹地貌,呈现长条状垅岗高地及狭长的壕沟。

② 甘肃段:北山的红柳河至柳园镇一带的低山丘陵主要为构造剥蚀低山丘陵,坡度较为平缓,大多呈"馒头"状;金塔至高台一带合黎山南部、山丹至永昌河西堡一带龙首山区主要为构造剥蚀中低山,剥蚀强烈,部分地段为波状地形;北山地区红柳河至柳园山间盆地、瓜州以北柳园至玉门戈壁带主要为洪积倾斜平原,地形开阔平坦,以洪积扇裙地貌为主;玉门至金塔、生地湾农场、金塔至高台

巴丹吉林沙漠边缘、古浪腾格里沙漠边缘主要为风积沙地,以新月形高大沙丘为主,其他地段都以低矮沙链、沙包、沙垄为主。

(4)盐渍土的产生是多种因素的结果:气象因素、地形条件、水文地质条件、地层岩性、植被、人类活动的影响和其他的地质作用。

9.1.2　研究区地质灾害特点及评价

从已有的地质资料分析,结合现场踏勘及地质灾害评价:

(1)从地质环境划分上看:木垒县至哈密中低山区段,地质环境复杂程度为复杂级,地质灾害发育;哈密西部至哈密东部山区段,地质环境复杂程度为中等级,地质灾害中等发育;木垒天山北麓冲积平原农牧区和冲洪积扇区段及哈密南部戈壁沙漠地段,地质环境复杂程度为简单级,地质灾害一般不发育。

(2)管道沿线地质灾害以崩塌、泥石流为主,灾害危险性小至中等,崩塌灾害是对管道工程影响最大的地质灾害类型,主要分布于七城子至七角井中低山区段。

(3)管道沿线除崩塌、泥石流地质灾害以外,滑坡、河流侵蚀塌岸、站场和阀室防洪、边坡防护、风蚀沙埋等也是潜在的地质灾害,应引起足够的重视,以确保管道施工、运营安全。

(4)按照综合评估原则与综合评估量化指标,对拟建管道工程及附属站场逐段进行综合分段评估,共分为 11 个区段,其中地质灾害高易发区段 2 段,长51 km;中易发区段 2 段,长 73.59 km;低易发区段 7 段,长 417 km;站场和阀室地质灾害危险性小。木垒县至哈密天山中低山区段,包括Ⅱ-1、Ⅱ-2,长度共计为 51 653 m,属于地质灾害高易发区,是地质灾害严重的区段。

9.1.3　新气管道工程管线盐渍土水盐运移规律及盐胀特点

(1)通过物相分析得出:大浪沙收费站附近的物质成分主要为黄磷猛钙石、钠云母、砷铅铁矿、柯绿石夹绿泥石及水钨华;花海阀室的物质成分主要为石英、斜绿泥石、钠云母以及铁重钽铁矿;鲁克沁阀室的物质成分主要为磷铁铝矿、碳酸化合物、铋磷酸盐、碘酸镁锂、磷钨酸以及深黄铀矿;七角井的物质成分主要为石英、钙磷石、磷铁铝矿以及黄钡铀矿。

(2)通过盐渍土土柱毛细水上升高度实验分析可知:水盐运移是土中水分和盐分共同作用的结果,土中水分作为溶剂和运转剂,是盐分运动的基础,它的运动形式直接影响着盐分的运动。盐分在土中产生溶质势,反过来影响着水分的运动。因此,土中水分和盐分运动是相互联系、相互影响的。

管道沿线土壤中水盐运移情况对土壤含盐量影响较大,含盐量发生变化,盐渍土的工程特性则产生较大改变,其溶陷性、盐胀性和腐蚀性会因此产生变化。

(3)通过盐胀实验结合盐渍土的盐胀性分析可知:盐渍土的盐胀与一般膨

胀土的膨胀机理不同。一般膨胀土的膨胀主要是由于土中黏土矿物吸水后导致土体膨胀;而盐渍土的膨胀,有的也是由于吸水产生膨胀,但主要是由失水或因温度降低导致盐类的结晶膨胀。研究表明,很多盐类在结晶时都具有一定的膨胀性。

(4) 在压实度为 90% 及荷载为 0 kPa 的情况下计算得出:鲁克沁阀室的盐胀率为 26.72%,哈密研究地区(具体坐标前文已列出)的盐胀率为 29.15%,七角井研究地区的盐胀率为 30.78%,木垒研究地区的盐胀率为 35.20%。而根据《盐渍土地区公路设计及施工指南》中盐渍土盐胀性分类的标准可得,研究区盐渍土在地表 0~0.5 m 左右盐胀特性在压实度为 90% 及荷载为 0 kPa 的情况下均为强盐胀性。盐胀性在研究区 2.0~2.5 m 深度内的土中 Na_2SO_4 含量大部分在 1% 以下,少部分亦接近 1%,因此可以判断,管道埋置深度内不存在盐胀的先决条件,可以不考虑土壤对管道的盐胀性危害。

9.1.4　新气管道工程管线模拟盐渍土对管道腐蚀

通过模拟盐渍土对 X80 钢的腐蚀行为研究,可以得到如下研究成果:

(1) X80 钢在盐渍土模拟溶液中发生了严重的全面腐蚀,伴随着局部位置的点蚀;4 组试样几乎都在腐蚀初期产生了最大腐蚀速率;温度升高,可以加快腐蚀速率,随着腐蚀时间的延长,模拟溶液对 X80 钢的腐蚀速率会逐渐下降。

(2) 根据实验结果可以知道最大腐蚀速率不超过 0.06 mm/a,管道壁厚 18.4 mm,所以即使按照最大速率腐蚀,理论上需要 300 左右年才能腐蚀穿透(由于不可避免的误差,只做参考)。X80 管线钢的平均腐蚀速率较高,说明其发生了严重的腐蚀。但是随着浸泡时间的延长,X80 管线钢的平均腐蚀速率有所下降。

(3) 参考众多相关文献,预估将 X80 钢试件埋入野外采取的盐渍土土样中,得到的腐蚀速率最多为 7 g/($dm^2 \cdot a$)。换算结果相当于 0.1 mm/a,与在模拟溶液中相比,是其 2 倍左右。因此,对管道的寿命估计大致为在模拟溶液中的一半,150 年左右。

(4) 本管线工程大部分区段铺设 X80 钢管作为运输管线,由于盐渍土与管道的接触方式为直接接触,管道工程在木垒县敷设段盐渍土大量分布,在哈密市南段东天山南侧冲洪积扇区也有大量盐渍土存在,新疆煤制气外输管线埋置深度为 1.5 m,在地质条件较为特殊和复杂的地区,埋置深度不小于 2 m,煤制气外输管线输气管道内径约为 1 016 mm。因此可以判断,在煤制气外输管线埋藏位置,盐渍土对管道具有一定的腐蚀,而且由于对输气管道的要求是能够进行长期性、稳定性地运行,因此,可以将盐渍土对新疆煤制气外输管线的腐蚀性危害程度定为中等。

9.1.5　不良地质灾害防治措施分析研究

（1）管道沿线盐渍土具有较强的腐蚀性，在哈密戈壁局部地区硫酸盐渍土有轻微盐胀性，不具有溶陷性。盐渍土地区管道应做好防腐措施。管道沿线高含盐量成片分布的盐渍土可以采用非盐渍土进行换填、地基处理、强夯、盐化处理等方法。

（2）管线沿线经过新疆大面积的盐渍土地段，盐渍土对输气管道的腐蚀是主要的地质灾害，模拟盐渍土对 X80 钢的腐蚀性研究也证实该地段盐渍土对管道具有较强的危害，由于新疆管段大部地区水量充沛，预浸水法只可结合当地水资源情况小段采用，通过对各测点不同深度易溶盐含盐量的分析，发现管线新疆段小草湖站阀室经七角井至十三间房阀室、淀西阀室至翠西阀室、景峡阀室地段，盐渍土含量较高，含盐量最高地段可达 17.48 mg/kg，在此地段盐渍土对管道的腐蚀最严重，因此在工程造价允许的情况下可以考虑采取最普遍的换填土方法来处理盐渍土，由于管道埋深大都在 1～5 m，而且新疆降水量较少，推荐可采用砂石垫层法。

（3）管线穿越的新疆段其他盐渍土地区，如柯柯亚阀室经鄯善阀室至红旗坎阀室测得的易溶盐含盐量较低，可采取一般的管道防腐层技术和电化学防腐技术，结合盐化学处理盐渍土；而途经甘肃盐渍土地区，如玉门压气站至金塔压气站测得的易溶盐含量均较低，大部分区域的含盐量均低于 0.5 mg/kg，因而可采取预浸水法处理盐渍土（水源充足条件下）。

9.2　建议

（1）沿线线路多次穿越的小型冲沟属于季节性冲沟及河流，冲刷痕迹明显，最大冲刷深度一般在 1.0～1.5 m。建议穿越小型冲沟和河流的管道埋深在冲刷深度以下 2.0～3.0 m。同时在穿越处进行水工保护等措施，在管沟顶部采用漂石做石笼护坡，范围为上、下游各 10～15 m；对于坡度较陡河段，建议穿越处采用浆砌片石等护坡措施，管道穿越的上游筑丁字形坝以分开水流，减少径流直接冲刷岸坡脚；管道经过陡坡削坡段，降低坡肩高度，坡脚增设护坡措施。

（2）管沟开挖后，应及时进行施工，严禁施工用水渗入管沟并应防止大气降水、洪水淹没浸湿管道线路地基；管道通过山地和丘陵陡坡时，要考虑削坡填土、放缓坡度并应采取有效的排放水设施，防止地表残积土对施工造成危害。

（3）管道沿线经过戈壁地段较多，戈壁段生态环境较弱，施工时应尽量减少对地表植被破坏，减少作业带宽度，施工后应尽量恢复原始地貌；管道沿线百里风区主要分布于十三间房，风力大，风速较高，年均 8 级以上的大风天气达 180 天,应做好相应防护措施,注意施工安全。

（4）管道经过剥蚀残丘、中低山山地,在施工过程中发现或者诱发灾害地质现象时,建议进行施工勘察。

（5）拟建管道线路大部分地段地表分布盐渍土,建议对过水涵洞、路面等采取相应的防腐措施;避免水进入管道底部,或采取其他措施减少盐渍土对管道的影响;对于沿线含盐量较大的地表土,严禁作为管沟的回填用土。

参 考 文 献

[1] 安海堂,刘培青,李强,等.新疆南天山迪那河流域地质灾害成因及防治对策[J].新疆地质,2007,25(3):317-319.

[2] 包卫星,杨晓华,谢永利.典型天然盐渍土多次冻融循环盐胀试验研究[J].岩土工程学报,2006,28(11):1991-1995.

[3] 鲍罗夫斯基.盐渍土改良的数量研究方法[M].尤文瑞,等译.北京:科学出版社,1980.

[4] 别兹露克.盐渍土和流砂地上的道路工程[M].黄德璕,等译.北京:人民交通出版社,1955.

[5] 曹小红,李启桢,孟和,等.乌鲁木齐地质灾害发育特征及成因分析[J].甘肃科技,2019,35(15):18-21.

[6] 陈伟,许宏发.盐渍土对钢筋混凝土结构物耐久性设计的影响[J].四川建筑,2004,10(5):69-73,73.

[7] 陈肖柏,邱国庆,王雅卿,等.降温时之盐分重分布及盐胀试验研究[J].冰川冻土,1989,11(3):231-238.

[8] 陈肖柏,邱国庆,王雅卿,等.重盐土在温度变化时的物理化学性质和力学性质[J].中国科学,1988(4):429-438.

[9] 陈永利.新疆地区盐渍土的形成机理危害性及防治措施[J].黑龙江科技信息,2008(9):21,117.

[10] 程安林.浅谈盐渍土地区电气接地的设计和施工[J].电工技术,1999(3):40-41.

[11] 程东幸,刘志伟,张希宏.粗颗粒盐渍土溶陷特性试验研究[J].工程勘察,2010(12):27-31.

[12] 褚彩平,李斌,侯仲杰.硫酸盐渍土在多次冻融循环时的盐胀累加规律[J].冰川冻土,1998,20(2):3-5.

[13] 刁照金.原油集输管道腐蚀及剩余寿命研究[D].抚顺:辽宁石油化工大学,2014.

[14] 冯佃臣.Q235钢和X70管线钢在包头土壤中的腐蚀规律研究[D].包头:内

蒙古科技大学,2008.

[15] 高江平,李芳.含氯化钠硫酸盐渍土盐胀过程分析[J].西安公路交通大学学报,1997a,17(4):19-25.

[16] 高江平,吴家惠.硫酸盐渍土盐胀特性的单因素影响规律研究[J].岩土工程学报,1997b,19(1):37-43.

[17] 郭康,於红.基于分形分维法评价的崩塌地质灾害发育及空间分布规律研究[J].地下水,2018,40(4):176-178.

[18] 何祺胜,塔西甫拉提·特依拜,丁建丽,等.塔里木盆地北缘盐渍地遥感调查及成因分析:以渭干河-库车河三角洲绿洲为例[J].自然灾害学报,2007,16(5):24-29.

[19] 胡卫忠.新疆地质灾害及减灾防治对策[J].地质灾害与环境保护,1992(2):16-22.

[20] 黄超,阳松,何祖祥.哈萨克斯坦南部输气管道穿越盐渍地段敷设方案的优化[J].石油工程建设,2015(4):26-29.

[21] 巨新昌,杨晓华.盐渍土腐蚀与防护研究[J].山西建筑,2007(27):28-29.

[22] 柯夫达.盐渍土的发生与演变[M].席承藩,译.北京:科学出版社,1957.

[23] 李俊彦,王敬奎,陈祥,等.基于GIS的管道工程滑坡危险性区划研究[J].长江科学院院报,2014,31(4):114-118.

[24] 李文华.粘弹体防腐胶带、铝热焊技术在青海油田仙翼输气管线水淹段测试桩恢复与防腐层修复中应用[J].科技创新导报,2009(26):17-19.

[25] 李永红,陈涛,张少宏,等.无粘性盐渍土的溶陷性研究[C].西安:中国岩石力学与工程学会第七次学术大会论文集,2002.

[26] 李元寿,贾晓红,鲁文元.西北干旱区水资源利用中的生态环境问题及对策[J].水土保持研究,2006,13(1):217-219,242.

[27] 刘春涌,许英,郑洁.新疆泥石流成因类型和分布规律[J].新疆环境保护,2000,22(1):20-25.

[28] 刘平,马惠荣.新疆某勘查区泥石流类型及易发性评价分析[J]地下水,2017,39(2):145-146.

[29] 刘威.新疆乌鲁木齐市地质灾害分布规律及易发程度分区研究[J].地下水,2017,39(5):119-120.

[30] 刘智勇,李晓刚,杜翠薇,等.管道钢在土壤环境中应力腐蚀模拟溶液进展[J].油气储运,2008(4):34-39,62,67-68.

[31] 卢肇钧,杨灿文.盐渍土工程性质的研究[J].铁道研究通讯,1956,2(3):15-20.

[32] 罗金明,邓伟,张晓平,等.春季松嫩平原盐渍土积盐机理探讨以吉林省松原市长岭县十三泡地区为例[J].内蒙古大学学报(自然科学版),2007,38(2):209-215.

[33] 罗友弟.青海地区盐渍土分布规律及其盐胀溶陷机制探讨[J].水文地质工程地质,2010(4):116-120.

[34] 马传明,靳孟贵.西北地区盐渍化土地开发中存在问题及防治对策[J].水文,2007,27(1):78-81.

[35] 马丽丽,田淑芳,王娜.基于层次分析与模糊数学综合评判法的矿区生态环境评价[J].国土资源遥感,2013,25(3):165-170.

[36] 买买提沙吾提,丁建丽,塔西甫拉提·特依拜,等.多源信息融合技术在干旱区盐渍地信息提取中的应用[J].资源科学,2008,30(5):792-799.

[37] 那妹妹,张远芳,慈军,等.罗布泊地区强氯盐渍土溶陷性试验研究[J].新疆农业大学学报,2012,35(2):149-151.

[38] 宋通海.氯盐渍土溶陷特性试验研究[J].山西交通科技,2007(5):25-27,36.

[39] 唐囡,孙成,许进,等.硫酸根离子对混凝土中钢筋腐蚀影响研究[J].全面腐蚀控制,2014(6):43-47.

[40] 王天明.盐渍土地区金属管道敷设质量控制[J].天然气与石油,2007(4):8-10,66.

[41] 王文杰.X70钢在新疆库尔勒土中腐蚀早期的电化学行为[D].武汉:华中科技大学,2007.

[42] 王小康,曹约良,李冲.吐哈油田埋地钢质管道防腐技术及非金属管应用[J].科技视界,2012(21):219-220.

[43] 王莹,俞宏英,程远,等.X80管线钢在我国典型土壤模拟溶液中的腐蚀行为[C].昆明:海峡两岸材料腐蚀与防护研讨会,2010.

[44] 王芸.和田县朗如乡X625公路崩塌发育特征及稳定性评价[J].地下水,2019,41(1):145-146,207.

[45] 魏云杰,许模.新疆土壤盐渍化成因及其防治对策研究[J].地球与环境,2005(S1):593-597.

[46] 谢东旭.宁夏地区盐渍土微观结构变化对溶陷的影响研究[J].兰州工业学院学报,2013(5):46-49.

[47] 新疆交通科学研究院.新疆交通科学研究院研究成果汇编(1980—2010)[G].2010.

[48] 徐学祖,王家澄,张立新.冻土物理学[M].北京:科学出版社,2001.

[49] 徐攸在,史桃开.盐渍土地区遇水溶陷灾害的治理对策[J].工业建筑,1991

(1):16-18.

[50] 许雷涛,何剑波.农一师电力公司煤矿岩质崩塌发育特征及稳定性评价[J].地下水,2016,38(4):243-245.

[51] 薛明,朱玮玮,房建宏.盐渍土地区公路桥涵及构筑物腐蚀机理探究[J],公路交通科技(应用技术版),2008(9):24-27,30.

[52] 杨高中,王奇文.氯盐腐蚀环境下混凝土结构耐久性的思考[J].福建建筑,2007(12):41-42.

[53] 杨军田.新疆东部地区道路工程盐渍土的腐蚀性探讨[J].新疆农垦科技,2012(12):41-42,

[54] 姚荣江,杨劲松.黄河三角洲地区浅层地下水与耕层土壤积盐空间分异规律定量分析[J].农业工程学报,2007,23(8):45-51.

[55] 姚远,项伟.人工配制盐渍土溶陷变形分析[C].第九届全国工程地质大会论文集,2012.

[56] 叶国文.长距离大流量输水管道的防腐研究[D].广州:华南理工大学,2009.

[57] 余会明,曹琛,夏平,等.新疆乌鲁木齐市地质灾害特征分析及防治措施建议[J].地质灾害与环境保护,2017,28(1):20-24.

[58] 张冬菊.盐渍土地区工程地基设计与防腐处理[J].青海大学学报(自然科学版),2000(6):23-28.

[59] 张国珍,刘晓燕.盐渍土地区钢筋混凝土排水管道腐蚀研究[J].水资源与水工程学报,2008(1):19-21.

[60] 张琦,顾强康,张俐.含盐量对硫酸盐渍土溶陷性的影响研究[J].路基工程,2010(6):152-154.

[61] 张莎莎,杨晓华,戴志仁.天然粗颗粒盐渍土多次冻融循环盐胀试验[J].中国公路学报:2009,22(4):28-32.

[62] 张志萍.国道314线和硕至库尔勒段盐渍土工程特性试验研究[D].西安:长安大学,2007.

[63] 赵金东.盐渍土地区耐腐蚀性的半埋混凝土研究[D].西安:长安大学,2013.

[64] 周瑞福.西宁地区盐渍土的特征及工程处理措施[J].青海大学学报(自然科学版),2012(3):46-50.

[65] BEAR J,GILMAN A.Migration of salts in the unsaturated zone caused by heating[J].Transport in porous media,1995,19(2):139-156.

[66] BLASER H D,SCHERER O J.Expansion of soils containing sodium sulfate caused by drop in ambient temperatures[J].Highway research board special report,1969,31(1):70-73.

［67］JAMALUDIN S,HUSSEIN A N.Landslide hazard and risk assessment：the Malaysian erperience［J］.IAEG,2006(1)：455-465.

［68］OURI A E,AMIRICAN S.Landslide hazard zonation using MR and AHP methods and GIS techniques in Langan watershed,Ardabil,Iran［C］.Beijing：Intenational Conference ACRS,2009.

［69］RAD M N,SHOKRI N.Nonlinear effects of salt concentrations on evaporation from porous media［J］.Geophysical research letters，2012,39(4)：44-53.